世界心理学经典精粹

洞察人性

[奥]阿尔弗雷德·阿德勒 著
张小燕 译

吉林出版集团股份有限公司

图书在版编目（CIP）数据

洞察人性 /（奥）阿尔弗雷德·阿德勒著；张小燕译 .
— 长春：吉林出版集团股份有限公司，2018.1

ISBN 978-7-5581-4111-9

Ⅰ . ①洞… Ⅱ . ①阿… ②张… Ⅲ . ①人性—研究
Ⅳ . ① B82-061

中国版本图书馆 CIP 数据核字（2017）第 305277 号

洞察人性

著　　者　[奥] 阿尔弗雷德·阿德勒
译　　者　张小燕
责任编辑　齐　琳　史俊南
封面设计　颜　森
开　　本　710mm × 1000mm　1/16
字　　数　169 千字
印　　张　14
版　　次　2018 年 12 月第 1 版
印　　次　2018 年 12 月第 1 次印刷

出　　版　吉林出版集团股份有限公司
电　　话　总编办：010-63109269
发行部：010-69584388
印　　刷　三河市龙大印装有限公司

ISBN 978-7-5581-4111-9　　定价：39.80 元
如出现印装质量问题，调换联系电话：010-82865588

作者序

本书的宗旨是让普通人也能了解个体心理学的基本原理。此外，本书还阐述了这些基本原理在日常关系中的实际运用。这些基本原理包含人与世界的关系、人与他人的关系，以及人的生活模式。本书的创作基础是我在维也纳人民学院为期一年的一系列演讲。当时的几百位听众来自各行各业，他们的年龄、职业和性别都不一样。在本书中，我的首要目的在于揭示个人的错误行为如何影响社会和社会生活的和谐；其次是引导个人发现自己的错误，最终为个人为社会和谐贡献一分力量。商业或者科学上发生错误，必然会付出昂贵的代价，这是令人遗憾的事情；不过在生活行为中发生错误，往往也会直接威胁生活本身。本书的任务就是让大家更好地理解人性。

目录

导论

心灵决定了命运。

——希罗多德

我们在探讨人性科学的时候，绝对不能自以为是或狂妄自大，我们要以谨慎、谦逊、客观的态度来对待它。对于我们人类来说，探究人性是一个艰巨的任务，它是人类文明从古至今追求的最终目标。所以这门学科的真正目的并不是要培养适应潮流的研究学者，而是要让每个人都理解人性。这一点肯定会让那些学院派研究者不满，因为他们觉得只有专业的科学机构才能这么做，普通人是不能随便涉足这个领域的。

在日常生活中，人与人之间总是保持着一定的距离，所以很少有人有机会能全面深刻地探究人性。如今，人们之间的关系比以前更加疏远。家庭隔绝了人们之间的交往，在我们周围建立了一道道围墙，让我们从小就缺乏机会与别人交流沟通。再加上我们全部的生活方式，也让我们很难与他人亲昵接触、深刻沟通。而这种沟通对了解人性必不可少。正是因为缺乏沟通，人们之间彼此仇视。我们会错误地判断他人的行为，不公平地对待他人，原因就在于我们不了解人性，或者说对人性理解不足。许多人经常说，尽管我每天都与其他人见面、聊天，但彼此之间却没有真正意义上的交流。这种现象不仅仅存在于社会中，还存在于家庭这样一个小圈子中。之所以会出现这样的情况，是因为人与人之间相互隔阂、缺乏理解。我们经常会听见父母抱怨孩子不理解他们，而孩子抱怨父母总是误会他们。实际上，我们对他人的态度，取决于我们对他人的理解深度。因此，理解他人是非常必要的，这是建立和谐的社会关系必不可少的基础。如果所有人都能理解人性，那么人与人之间的交往会更加简单，社会关系也将更加稳定；假如人与人之间互不理解、缺乏沟通，我们自然容易被表面的假象所迷惑，那就极有可能会发生各种矛盾和冲突。

我们接下来要阐释的是，为什么探讨人性的目的，是为医学这一门严谨的科学奠定基础。此外，我们还要说明，人性科学的前提条件是什么，它要解决什么问题，以及它会给我们带来什么好处。

首先，精神病学科需要丰富的人性知识。精神病医生必须要在最短的时间内洞察病人所有的心灵活动。在这个特殊的领域中，医生只有准确了解和掌握病人的心灵活动，才能有效针对病症做出判断，医治病人。在这里，任何表面的敷衍，都是行不通的。因为错误的判断很快就会导致严重的后果，而正确地理解病情，才能让治疗顺利进行。可以说，精神病学科的医生是否掌握足够的人性知识，决定病人能否得到有效的治疗。在日常生活中，如果我们错误地判断他人的行为，可能不会立刻造成严重的后果，因为相应的后果可能要很长时间才暴露出来，所以二者之间的因果关系并不明显。例如，我们常常会惊讶地发现，对一个人的误会导致的严重后果，要在数十年之后才显现出来。这类事情时有发生。这些不幸的事件让我们得以明白：每个人都有必要、也有责任了解一些关于人性方面的知识。

对精神疾病的研究，我发现精神病患者身上所体现出来的心理变态、心理情结、心理失衡，和正常人没有什么区别。二者在构成要素、前提条件，以及运动轨迹上大体一致。他们唯一的区别在于，精神病患者表现得更加显著，也因此更容易识别。这一研究结果的意义在于，从精神病患者身上得到的经验，可以运用到正常人身上。这有助于我们更加深入了解正常人的心理机制和心理活动。只要有足够的耐心，并得到严格的训练，要想做到这一点并不难。其实，这也是任何工作都必不可少的。

最初的研究成果是这样的：那些对人们的精神生活结构有决定作用的关键因素，在童年早期就已经形成了。不过这个发现并不是什么惊人的成果，以前也有一些杰出的学者曾提出过类似的观点。不过我们的这一发现也还具备一些独创性：我们将童年时代的遭遇、记忆及经验和态度，与其成年后的精神活动联系起来，将二者整合在因果关系的统一模式中进行比较。通过这种方式，我们就可以对比童年早期与成年后的经验、态度，并由此得出精神的种种表现绝对不是孤立的，而是相互关联的。我们只有把它们理解成完整人格的不可分割的特定构成，才能真正理解精神的种种表现。想要对个体的个别表现做出正确的判断，必须确认它们在心理活动中的大致倾向，以及在行为模式中所处的地位；必须了解个体的生活方式，并认识到童年时代隐藏的目标和成年后的态度是一脉相承的。总而言之，我们已经确定了一个问题，即人的心理活动从童年开始就不会产生本质的变化。也就是说，一个人的心理活动的外在形式与其具体化、语言化的表现形式可能会有所变化，但其基本要素、目标、动力等引导心理生活指向最终目标的东西，永远不会改变。例如，一位成年的性格暴躁的病人，心里总是充满怀疑和不信任，还极力地逃避社会。这一行为充分显示了他三四岁时的性格特征和心理活动，那个时候他就是这样做的。只是由于童年的单纯和幼稚，更容易发现这个问题。所以，我们将这个研究发现付诸实践，并成为一个准则，即更多地关注病人的童年时代。我们逐渐具备了这样一种能力，只要了解了一个人童年的经历，就算一点都不了解当前的状况，也能揭示出他的性格特征。这个人身上所表现出来的种种性格特征，直接投射了他童年的经验。

如果我们能了解病人童年时期的记忆，并能让病人精确地表述这些记忆，那我们就能准确勾勒出病人当前的性格模式。采用这种方式来探究人性，是因为我们清楚一个人想要脱离童年时代建立的行为模式是困难的。没有人能够改变童年时代建立的行为模式，就算成年后所处的环境与童年时代完全不一样，或者成年后的生活态度发生改变，他的行为模式也不会改变。换句话说，如果一个人的心理基础保持不变，那么无论是童年时代还是成年时代，他的行动路径都不会改变。根据这个我们可以知道这个人的人生目标也不会发生改变。因此，如果我们想要改变一个人的行为模式，就该以他童年时代的经验为切入点。单纯地改变病人成年后的经验和印象没有用，关键在于挖掘病人的基本行为模式。如果能够做到这一点，我们就可以掌握病人性格的重要特征，并因此正确判断他的病情。

就这样，这门学科的关键变成了对儿童时期精神生活的研究，研究的重点集中在人类生命的最初几年。这一领域中，还存在很多没有开发的素材和未知的内容，因此任何一个研究者都有可能发现极具价值的新成果，这些成果将对研究人性发挥巨大的作用。

我们的研究是为了人类共同利益，而不是为了研究而研究。根据这个目的，我们研究出一种方法来预防性格缺陷。长时间以来，我们的研究重点一直是教育学，将教育和实践结合起来，并没有墨守成规、给自己设置界限。教育学研究和人性科学一样，坚持真理从实践中来，所以教育学对一些人来说是名副其实的宝藏。这些人希望在教育学中探索，并且打算在教育实践活动中验证自己在人性科学研究中发现的重要成果。

优秀的画家在画画时，能够将自己对人物性格的感受在作品中充分展示。同理，我们也应该将心比心感受其他人心灵活动中的任何一种表现，设身处地去感受他人的悲欢离合。应该把人性科学当成一门艺术，有许多普遍的用途。这门艺术和其他艺术关系紧密，并对它们发挥着重要的作用，特别是文学和诗歌。人性科学的终极目的就是要让每一个人了解一定的人性相关知识，也就是说，人性科学能使所有人的心理发展更健康。

但在理解人性时，我们还面临一个大难题，那就是人们表现得很敏感，极端自以为是。普通人就算对人性知识一无所知，也认为自己在这方面很精通，不需要他人的指点。如果有人质疑他们，他们还会觉得自己受到了冒犯，很委屈。可真正理解人性的人，是那些能够以同理心认可他人价值的人，他们自己亲身体验过心理危机，所以能够敏感准确地看穿他人身上的心理危机。

面对这种情况，在实践过程中采用一些对策、技巧就非常必要了。在这里我们建议，一定要小心遇到这种情况，以免自己成为别人讨厌的对象。因为我们所做的是把一个人灵魂深处的东西挖出来，赤裸裸地摆在他的面前，再没有比这件事更让人厌恶、反感的了。如果有人鲁莽地运用自己那点少得可怜的人性知识，不用说他肯定会成为一个声名狼藉的人。例如在饭桌上，有人会迫不及待地说出他对邻座的评价，并坚称自己非常了解对方的性格，或者认为自己已经猜出对方大部分性格。还有一些人喜欢引用人性科学的基本原理，以此作为结论来教导那些对人性知识一无所知的人。这样做同样是危险的，而且还会让那些真正懂得这门学科的人，觉得自己的专业知识被扭曲了。所以，我们不得不一而再、再而三地强调，一定要谦虚、慎重地对待人性科学。轻率而鲁莽地公开实验结果，就如孩子急切地展示自己的能力一样，显得幼稚。对于成年人来说，这非常不合时宜，所以我们不应这样做。

对于那些具备人性科学相关知识的人，我们建议行动之前一定要三思。劝导他人时，千万别把还没有得到证实的结论强加给对方，否则只会让对方难以接受。这样做只会给这门还处于发展阶段的科学带来新的困难，并不能解决问题。因此我们最好保持谨慎并牢牢记住：要对事情的某一部分做出判断，必须从整体来全面了解；要想公开结论，必须确信它对当事人有利。错误判断他人的性格，或在不合适的时机说出对他人的正确判断，都可能给他人带来严重的伤害。

讨论到这里，大家心里一定有很多疑惑。之前讲过，个体的生活方式始终不变，这也许让人难以理解。因为在人的漫长的一生中，会经历各种各样的事情，从而影响甚至改变他的生活态度。但实情并非如此。不可否认，任何经历都会有很多种解释。我们会发现，不同的人面对同一种经历会得出不同的结论，并不是所有的经历都能增加人的智慧。当然，不断地学习能帮助解决一些问题，并形成自己的生活态度，但他赖以行事的行为模式不会改变。大家都知道，任何人都能从自己的经历中获得经验，也就是说，他从自己的经历中得出的结论，取决于他自己怎么看待这个经历。通常情况下，人只能从自己的经历中得到自己预期的结论。例如，有一个人总是犯同样的错误，尽管他认识到了自己的错误，但还是找种种理由为自己开脱。他可能会说自己应该早点改正这个错误，不过这样的可能性并不太大，更多的是他会找很多理由来为自己辩解。他可能会说，这个错误很难改正，因为积重难返；他可能会责怪自己的父母，抱怨自己所受的教育不好；他可能会抱怨没有人关心自己，或者从小他就被宠坏了，又或者被虐待。总之，他千方百计寻找理由，只为推脱自己的责任。采用这种方式，无非是他想找一个站得住脚的借口，让自己免遭他人的批判。他从不责备自己，也不会自觉改正错误，因为他觉得是别人的原因才导致自己无法事事如意。他为了维护自己的这种观点，认为是自己的成长环境和所受教育不好，当然这个借口也最有效。总之，任何一种经历都有多种解释或多种结论，从任何一种经历中都可能得出不同的结论。这一事实表明，从经历中归纳出来的经验，都是和他的行为模式相符合的。为了迎合自己的行为模式，他会想尽办法改变、歪曲自己的经验，而不是试图改变他的行为模式。对人类来说，认识自己和改变自己是最难的事情。

如果一个人并不精通人性科学的理论和技巧，他自然很难为别人提供良好的教育。一般来说，这种人只注重表面工作，并且认为只要事情表面上有所改变，那就证明自己的工作取得了显著的效果。实际上，只要一个人的行为模式不发生改变，表面上就算有再多的变化，也不过是一些没有意义和价值的表面功夫而已，它们不可能改变人的本质。

要想真正改变一个人，过程相当复杂，并且这件事情并不简单。它需要乐观的心态和一定的耐心，但最关键的是要摒弃虚荣心，因为被改变的那个人没有义务让其他人的虚荣心获得满足。此外，还应该让被改变者觉得这个过程是合情合理的、能够接纳的。要理解这个并不难，这就好比某些人对待食物一样，就算是自己喜欢吃的菜肴，如果不是按照符合自己想象的烹饪方法做出来的，他也不会吃。

人性科学除了以个体心理为研究对象，还具备另一项特征，即社会性。如果人与人之间能更好地沟通理解，人们的关系便会更加融洽，社会也会更加团结、和谐统一。在这种环境中，人们根本不会互相伤害、彼此欺骗。在这里，我们有必要提醒所有人性科学的研究者，请大家一定要记住，欺骗对整个社会具有极大的破坏性。同时，我们还必须让被研究者明白，每个人身上都潜藏着很多让人难以发现的无意识，且还发挥着不可忽视的作用。为了给被研究者更好的帮助，研究者们还需要对人类行为中隐藏的、歪曲的、伪装的方法和手段有所了解。总之，要满足以上要求，我们必须对人性科学深入了解，而且在实践中不能忽视它的社会性。

那么，什么样的人最适合研究人性科学呢？我们之前曾提到，人性科学只有理论是不够的，只有定律、资料也是不够的，还需要将理论运用到实践中。只有将研究结果运用到实践中，将二者联系起来，才能更加敏锐、更加深入地观察人性，这才是理论研究的真正目的。要做到真正普及人性科学，必须深入到生活之中，在实践中检验理论知识。这样做的原因有二，其一是现代教育在教育人性科学方面并没有优势，不仅教授的知识少得可怜，还错误百出。可见所有的孩子在成长过程中全部是放任自流的，他们孤军奋战，所有经验都来自自己的经历，以及对经历的思考，他们的成长是在课堂之外，在生活实践中自我长大的。其二是对人性的探索还没有形成一个清晰、统一的体系，人性科学在今天的位置大概类似于化学在炼金术时代所处的位置。所以，我们很有必要持续不断地从现实生活中获得更多的人性知识。

我们发现，在这种混乱、复杂而不完善的教育体系中，总有一些人能积极地融入社会。他们就是从事人性研究的最佳人选，而我们已经找到了这样一些人。研究人性需要面对形形色色的人，有坚定的悲观主义者（他们虽然悲观却绝不随便让步），有乐观主义者。不过仅仅与人接触还不够，研究人性还需要研究者亲身体验。遗憾的是，并不是每一个人都能轻易地接触人性，因为我们接受的人性教育是一种极不完善的教育。真正能够准确领悟人性的人，是那些犯过错误并知过能改的人。他们或者陷入思想的旋涡之中，被各种各样的错误所迷惑，但最终摆脱了；或者是曾靠近这个旋涡，并遭受了强烈的精神刺激。当然，那些具有同理心和移情天赋的人，也能掌握人性。总之，懂得人性的就是那些亲身经历过各种感情冲突的人。无论是宗教繁盛时期，还是当今这个时代，那些改邪归正的人相比那些正直的人，都是更有价值的一类人。他们站得更高，看得更远。为什么呢？因为他们曾在艰苦的环境中苦苦挣扎，曾从生命的沼泽中勇敢爬出，曾从人生中那些堕落的经历中吸取经验教训，使自己得以升华。他们对人生的感悟更多，比一般人更加能理解人性。当然，也有一些正直的人有很强的领悟能力，关于这个我们并不否认。

掌握了一些人性知识后，当我们发现有人因为其行为模式而不能拥有幸福时，就有责任去帮助他们纠正错误的人生观。我们应该让他们知道，什么样的人生观是更好的，能更加适应社会，更能获得幸福。我们应该将一种新的思想体系，一种新的生活方式呈现在他们的面前，并让社会感和公共意识成为其中的关键组成部分。当然，我们这样做只是为他们提供一种借鉴，并不是要强迫他们接受一种理想的心理模式。对于一位陷入困难境地的人来说，某个新观点本身的意义便非同寻常，因为它能让此人清楚地看到自己是在什么地方误入歧途的。在严格的决定论者看来，人的一切活动就是注定的，是因果报应。我们并不认可这种观点，一个能时常反思、常常自我批评的人，各种各样的经历和经验肯定会让他时常改变，因果关系并不是一成不变的。只要一个人能对自己的认识越来越清晰、越来越深入，只要他能找到行动的动力，只要他能主宰自己的心灵，就能明白这个道理。而一旦他意识到这一点，他就会彻底改变自己，不会逃避自己的人生和要面临的每一件事。

第一部分

人的行为

第一章　心灵

一、心灵的基本概念和前提条件

我们认为，只有会运动、有生命的生物才有心灵。心灵与自由的运动之间有着紧密的联系，那些根植于大地的其他生物则不一定拥有心灵。想象一下，如果那些扎根大地的植物有了情感和思想，是多么让人难以相信的怪事。假如说植物会因为预感到自己的悲惨命运，或提前感知自己即将被杀死而深受折磨，谁又会相信呢？同样我们也无法想象植物会运用自己的意志力，因此它又何必要拥有理智呢？因此，植物根本就没有必要拥有理智和自由意志。

在运动和心灵之间，有一种严格意义上的因果关系，这也是区别动物和植物的关键点。所以，我们一定要记住，心灵世界的一切表现都和运动有关。任何一个问题，只要和位置改变有关，就需要借助心灵来预测未来、积累经验、扩展记忆，以便解决问题，更好地适应周围的环境。由此我们可以得出如下结论：心灵和运动密切相关，心灵的一切发展都是由运动能力决定的，这是最初能够确定的首要前提。强烈刺激的运动会刺激心灵不断变强，并要求心灵永远保持新鲜活力。如果我们能掌握一个人的一举一动，那我们就可以确定此人的心灵完全枯竭了。所以才说："只有自由才能造就巨人，强制性的手段只能扼杀伟大的种子。"

二、心灵的作用

心灵究竟有什么作用？如果我们站在运动与心灵息息相关的角度便会发现，心灵能让生物代代相传。所有有生命的生物，就是利用心灵这个既能进攻又能防守的功能，来应对外部世界。人类的心灵之所以能一直活跃、积极进取，就是为了获取安全感。可以说，人类心灵的最终目的，就是为了让人类能在地球上不断繁衍、稳定发展。我们的人性研究就是以此作为理论基石，进而讨论人的心灵世界不可能与世隔绝这个问题的，而这个问题正是了解人性不可回避的问题。心灵必然与外部环境产生各种交集，外部环境一直在刺激心灵，心灵也一直对此做出相应的回应：心灵或者为了避免外部环境的侵害而舍弃部分能力和力量，或者为了保护自己的生命安全而依附于这些能量。

心灵与生物本身有密切的关系，就是说与人类品行、人格中的优缺点，以及自然属性相关。某些特质、能力或器官是好是坏完全是相对而言的，都取决于生物所处的外部环境。例如，众所周知，在一定意义上来说，人的脚就相当于退化的手。毫无疑问，对于那些需要爬行的动物来说这一定很糟糕，但对于只能在地面上行走的人来说，它却是非常有利的。没有人希望自己拥有那双没有退化的“手”，而放弃已经退化的脚。自卑情结也是这样。对任何人来说，自卑并不是百分之百有害。只有将它放在当事人所处的客观环境中才能分清它的利弊。总之，宇宙与人类的心灵之间的关系复杂多样，比如昼夜交替、阳光普照，以及原子和分子的运动、个人的精神活动等等，而这些因素对我们的心灵影响是至关重要的。

三、心灵的目标

心灵最明显的一个特点，就是它所有的行为都是为了实现一个共同的目标。由此可见心灵并不是一个静止不动的整体，而是一个多种多样、随时运动的集合体。这个集合体的原动力都来自相同的源头，目标也是相同的。心灵所要达到的那个目标，其实就是为了让自己更加适应所处的外部环境。所有人类的心灵都蕴含着这个目标，所有心灵的活动都受到这个目标的牵引。

目标决定心灵活动。正是因为心灵活动有一个永恒的目标指引、规范、延续、改变，人类才拥有思考、感知和梦想的能力。每个人都需要不断地适应周围的环境，并做出相应的反应，正如之前探讨的一样，适应环境并追求安全感，是人类生命中身体和心灵必须面对的一个基本任务。所以，心灵需要制定一个目标，不管这个目标是静止的还是动态的，均可用来刺激心灵的不断持续发展。

从这个理论来说，人类的一切心灵活动，都可以看作是为日后面对外部环境所做的准备。除了追求那些特定的目标所前进的力量，在人类的心灵中基本没有其他东西了。所以，个体心理学家得出结论，所有人类心灵活动的一切外在表现都有相同的目标。

在我们对人性、世界有了一定的了解后，如果对某个人的目标也充分理解，那我们就能看清这个人的行动及暗藏在行动背后的意义，就能了解他这样做不过是为了完成自己的目标。我们甚至还能预见这个人在追求目标时会采取什么样的行动，就如朝地上扔石头，我们能预测石头的轨迹一样。当然，心灵世界和自然法则并不一样，我们也不可能像预测石头落地一样预测心灵的一切活动。但如果某个人始终存在一个既定的目标，那心灵就如同被一条看不见的自然法则所控制，为了这个目标而努力奋斗。毋庸置疑，这个世界确实存在一些法则能控制人的心灵，不过这些法则却是人制定的。只有被表面现象所迷惑的人，才敢信誓旦旦地说这个世界上存在绝对客观的心灵法则，并肯定自己能提出相关的证据。也就是说，只有自欺欺人的人，才会相信环境能决定人的心灵。例如，当我们听说一个画家想创作一幅画时，就会自然地以为这个画家的一切态度和行为都是指向这个目标的，会认为这个画家所做出的所有行动都应该符合这个目标，而这些行动最终将促使这个目标得以实现。大家有这样的想法是自然的、顺理成章的，就像必须遵守一个自然规律一样。可问题是，这个画家在客观上真的能创作这幅画吗？

自然界有自然界的法则，心灵有心灵的法则，二者有实质性的区别。这一点关键至极，所有与自由意志相关的原则都要遵循这一原则。现代社会中有一个普遍认同的观点，即认为人类意志并不自由。的确，一旦人的意志涉及某一个目标，就会受到束缚。而且，可以肯定的是，这个目标还常常受到人与宇宙、人与自然，以及人与社会的紧密关系的影响。所以，我们不难发现心灵有时候看上去好像被一些严厉的法则所控制。但如果一个人不肯承认自己和社会的关系，坚决地站在社会的对立面，或者拒绝适应真实的生活，对这个人来说，那些所谓的真实的法则就起不到任何作用。他会树立一个新目标、制定新规则，来代替上述法则。同样，如果一个人失去了生活的方向，企图剪断他和其他人之间的联系，社会生活中的法则同样不起作用。综上所述，我们可以推断出一点：只有在确定了一定的目标之后，心灵的相关活动才能相应出现。

反过来说，我们可以根据某个人现在的种种行为，推断出他树立了什么样的目标。这样做意义非凡，因为很少有人能了解自己的目标。而且从专业角度来说，由行为推断目标，是深入理解人性必不可少的步骤。然而，想做好这件事并不容易，因为人的行为包含很多层意义。不过有一个法子比较有效，那就是将这个人的行为活动汇集起来，然后用图表展现出来。例如，先确定他某一段时间的态度，然后找到符合这种态度的两种行为，将这两种行为用两个点来表示，并连接起来形成曲线，用这个来表示时间上的不同。通过这种方法，我们可以从整体上了解一个人，进而更加深入地了解他。下面，我们借助一个案例来了解一下，一个人成年后的生活方式与他童年时代的生活方式是如何一脉相承的。

有一个30岁的男人，性格非常有攻击性。不过其性格上的缺陷并没有影响他在事业上的成功，还取得了一定的社会地位。他极度抑郁，前来治疗，一来就抱怨，说自己无心工作，对生活提不起任何兴趣。他还说，他正在筹备婚礼，自己却对未来充满困惑。此外，他具有强烈的嫉妒心，这使他和未婚妻的这段感情岌岌可危，也让他饱受折磨。事实上，他的嫉妒毫无道理，因为他的未婚妻在别人眼里可以说是完美无缺。这一切都表明，他才是问题的根源。在生活中，我们经常会遇到这样的人：在与人接触的过程中，他自认为很有魅力，如果自己被别人所吸引，就立马用攻击性的态度摧毁双方此前都想要建立起来的友好关系。

现在，我们根据之前谈到的方法，为这个人的行为制作一张图表。先从这个人的生活中挑选出一件事，并尽量将这件事和他当前的生活态度联系起来。根据经验，这件事应该是这个人最初的童年记忆。不过我们也要承认，童年记忆未必就完全客观正确或者可能没有一点价值。这个男子小时候的记忆是这样的：他和他妈妈、弟弟一起来到一个市场。市场里拥挤不堪、混乱不已，他妈妈不得不把他抱起来。可是，没过多久，他妈妈发现抱错了，就将他放下，抱起了弟弟。他在拥挤的人群中被挤得站不住脚，心里充满了沮丧，不知如何是好。当时，他只有4岁。从他对那段记忆的描述中，我们可以推断出，他不能忍受别人受宠，也不能肯定自己是否受宠。从这段描述中，我们得出了相同的性格特征，他之所以喜欢抱怨和这段记忆有一定关系，这也证实了我们之前的猜测。当我们把他当前的现状和他童年记忆之间的关系告诉他时，他感到非常吃惊，并立刻领悟到自己的问题究竟是什么。

一个人的任何行为都是为了达到一个目标，这个目标的决定因素在于童年时期对这个人留下的影响和印象。这些影响和因素，在成长的过程中，会迅速推动年幼的他树立他自己的人生态度和行为方式。很可能，在他只有几个月大的时候，就逐渐确立了自己想要达成的目标。因为即便是在人很小的时候，人的部分知觉也会让孩子产生反应，或者快乐，或者不舒服。这个时候，婴儿在展现自己的人生哲学时是以一种原始、朴素的方式体现出来的，但可以确认婴儿已经开始了心灵活动。总之，当一个人还是婴儿的时候，决定心灵的基本要素就已经确认；在以后的生活中，环境或许会变，生活方式或许会改变，但不管他受到什么样的影响，这些基本因素绝不会改变。

有研究者认为，成年人的重要性格特征在婴儿时期就已经展现出来，这个观点并没有错；不过也因此造成了一种误会，即大家会认为性格是遗传得来的。但是，我们如果承认性格是由遗传得来的，那就会严重打击从事教育工作的人的信心，会对教育工作产生不利的后果。其实，之所以有人会接受这样的观点，还有一个重要的原因，那就是用这个作为借口，把教育学生失败的原因全部推给遗传，从而推脱责任。很显然，这并不符合教育的根本目的。

在确定目标的过程中，社会起到了重要的作用。社会为孩子设置了形形色色的约束，让他在摸索的过程中找到适合自己的理想状态，确保自己安全的同时，还能适应现实生活。孩子可能在很小的时候就已经明白，现实生活中的安全到底要到什么程度才算得上真正的安全。这里所说的安全，跟一般所说的躲避危险不是一回事，它是一种普遍意义上的安全系数，能够确保人类在最有利的环境中生存，就如同在操作一台精密的仪器时所说的“安全系数”。在孩子内心，这种安全系数远远要超过其在生活中所需要的安全。如此一来，一种想要控制别人、超过别人的心灵活动就出现了。和成年人一样，孩子也想超过一切竞争者。他会想尽一切办法来维护这种优越感，因为这种优越感能帮助他获得安全感，并充分证明自己有能力适应外部环境，这也是他的最终目标。为了这个目标，他的心灵深处会出现一种不安定的情绪，并且随着时间的推移，这种情绪会越来越厉害。

现在，我们可以假设出现了某种紧急情况，需要孩子马上做出明确的反应。如果孩子认为自己没有能力解决这个问题，他就会选择逃避，并找出各种各样的借口为自己辩解，而这个举动正好显示了他渴望成功、追求优越的潜在愿望。在这之后，如果他再遇到这个问题，他的直接反应就是逃避问题。这种人害怕困难，习惯逃避，目的只是暂时逃避生活抛出的种种要求。在此，我们一定要理解，人类心灵的各种反应并不是绝对不变的。也就是说，任何心灵反应都只是一种暂时的、局部的反应，不能把它当成是最后的确定答案。尤其是在孩子处于心灵成长时期，我们稍微观察一下就会发现，他的思想、情绪都处于迅速变化状态，他所有的反应都只是对自己想象中的目标的具体化而已。所以，我们不能用成人的标准来衡量。对于孩子，我们一定要用更加长远的目光来看待，绝不能对他当前的表现做出绝对的判断，而是要慎重看待那个他竭尽全力想要达到的目标。我们一定要将心比心，懂得换位思考，设身处地站在孩子的角度考虑问题，这样才能发现孩子一定会存在一个理想，以便让自己适应生活。孩子所做的一切都是为了实现这个理想。因此，从孩子的角度出发，才能理解孩子的行为。另外，孩子看待问题的方式和心态有很大关系。例如，乐观心态的孩子一般都表现很自信，相信自己有能力解决一切问题。如果他们在这种态度下长大，他们就将发展成拥有积极心态的人，认为一切都在他们的掌握中。在这类孩子身上，我们还能看见勇敢、开朗、真诚、豁达等良好的品质。相反，悲观主义者对自己能解决问题没有信心，那他们会定下什么样的目标呢？在这类孩子的眼里，世界很灰暗，在他们身上，我们会看见很多属于弱者的性格特征和行为特点，如内向、胆怯、怀疑等等。他们往往会制定一些虚幻、遥远不切实际的目标，准确地说，就是和现实人生毫无关联。

第二章 心灵生活的社会性

为了更加深入地了解一个人的思想，我们可以从他和其伙伴之间的关系来研究。影响人们之间关系的决定因素有两点，一是宇宙的自然属性，在它的影响下人与人之间的关系并不是稳定的，很容易发生变化；二是国家或社会的政治传统、固定不变的习俗等，如果不了解这些关系，我们仍然无法真正理解人的心灵活动。

一、绝对真理

人的心灵并不是随意活动而不受限制的，因为我们需要面对并解决各种问题，而这些问题决定了心灵的活动轨迹。想要解决这些问题，心灵就必须要考虑社会生活规律。这些规律与人类生活息息相关，对个人产生影响，但个人却无法影响这些规律，即便有影响也是在有限的范围内。可见，人类当前的社会生活状态是复杂多样且容易改变的，我们不可能认为它是固定不变的。既然我们不可避免地要受到社会生活规律的影响，既然所有人都跟社会生活存在复杂的联系，在这种情况下我们想要彻底洞悉某人的内心秘密，想要彻底了解某人的心灵，就变得不可能了。

为了解决这一困局，我们唯一的对策就是认为社会生活规律是世界上的绝对真理，只要我们相信人类有能力去解决那些由于人类能力不足而产生的各种问题，我们就能无限接近这一真理。

另外，我们不得不留意马克思、恩格斯曾详细讨论过的社会物质层面的问题。他们认为，经济基础决定上层建筑，即“唯心的、逻辑层面的上层建筑（也就是人们的思想和行为方式），是由经济基础（即人们赖以生存的基本资料）决定的”。从某种意义上来说，这和我们提出的“人类社会生活规律”和“绝对真理”是相通的。不过，个体心理学，也就是我们根据过去的经验以及对个体生命的深度研究，告诉我们，一个人通常会在某种经济压力下做出缺乏远见的错误反应；而且为了摆脱这一窘境，他很可能一步错、步步错，从而让局面无法挽回。可以肯定的是，在努力接近社会生活规律的过程中，这样的错误一定数不清。

二、社会生活的必要性

社会生活在某种程度上会对人类有一定的约束力，因为它自有一套约定俗成的规则不可更改。我们无法规避它，就如我们不能规避自然气候规律一样，即在天气变冷时人们不得不采取一些防寒保暖的措施，如建造房屋等。一般来说，这些社会生活规则通常是以各种各样的制度和习俗体现出来的，而我们的思想观念、行为方式在潜移默化中被这些制度和习俗影响、约束。例如，在宗教中，信徒之间能够形成一种不成文的规定或默契，即将公共习惯用语神圣化。如果说人类生活首先受到宇宙自然的影响，那么接下来它一定还会受到人类社会公共生活、各种约定俗成的规则等的约束。总之，社会需求决定了人类之间所有的关系，也就是说，个人生活在社会生活之后。在人类文明史上，根本不可能找到一种生活方式能够完全脱离社会生活而独立存在。这一点其实很好理解，在动物的世界中有这样一条规则：如果一种生物的个体无法在残酷的生存环境中依靠自己保护自己，那它一定过着群居生活，以便增强自己的力量。正是具备这种群居的本能，人类才能发展出深受社会规则影响的心灵，以抵御外部严酷的环境。

达尔文在很早以前就注意到了，弱小的动物不会单独生活。其实人类也属于弱小的一族，我们对自然的影响微乎其微，自然也无法独居生活。为了能够生存下去，为了弥补自身的不足，人类发明了很多工具来增强自己的力量。想象一下，当一个人孤零零生活在没有人类文明的原始森林里，没有先进的工具，他会遭遇什么呢？他的生存能力肯定不如其他动物，他的速度不够快、力量不够大，没有食肉动物锋利的牙齿和灵敏的听觉与视觉，而这些是在大自然中生存下去的必要条件。所以，人类需要大量的工具来确保自己生存，这对于我们的营养吸收、生理特点，以及生活方式来说，都是必不可少的。

可以说，人类只有在对自己特别有利的环境中才能生存下去。至于原因，大家应该都明白。而只有社会生活能够为人类创造出有利的生存环境。人类绝对不能缺少社会生活，因为它将个人变成集体的组成部分，并使人类生生不息繁衍下去。劳动分工意味着人类文明的进步与发展，能帮助人类制造很多用于进攻或防御的工具，满足人类的所有需求。想象一下养孩子的辛苦吧，既要照顾他健康成长，又要教育他成才。只有劳动分工，才能精心照顾下一代。人类的身体如此脆弱，婴儿更是如此，但这脆弱的血肉之躯却忍受了那么多的疾病和不足。想想这一切我们就能明白，人类多么需要照顾和保护啊，也自然能够明白社会生活对人类为何如此重要了。一句话，社会生活是人类得以繁衍生息的最好保证。

三、安全与适应

综合上面的叙述，我们可以得出结论，从自然的观点来看，人类只能算是一种低等动物。在人类的意识中，自卑和不安全感总是徘徊不去，这促使人类时刻都在思考如何去找到一种更好地让自己适应大自然的方法和手段，也刺激人类去寻找一个安全的环境来避免或消除威胁自己生命的因素。这样，就产生了心灵，以便人类提高适应能力，增加安全感。提高人类适应能力的方法很多，包括在身体上安装防御性武器，如坚爪、利齿、硬角等。但这样做很难让人摆脱一半是人一半是兽的原始野蛮状态，还容易导致人类发展举足不前。只有心灵才能够解决这个问题，才能弥补人类生理上的缺憾。对自身能力不足的认识，激励着人类发展出预测、预防的能力，并使人类的心灵发展成现在这样能思考、会感知、支配行动的神经器官。就拿欲望或意愿来说吧，当一个人感到有所欠缺的时候，就会萌发出一种想做什么的意愿，想要弥补欠缺，想要获得完美的适应感。“想要做什么”便表示有了意愿，同时又该付诸实践。可以说，所有行动的产生都是因为欠缺感，并以安宁、满足、完满作为目标。

在人类适应过程中，社会起着根本性作用。以此为前提，心灵必然从一开始就要顾及社会生活状况。心灵所有能力的发展，都是以生活规律为基础的。根据规律的普遍适用性原则（因为只有具备普遍适用性，才能成为规律），我们可以预测人类心灵的发展趋势，只要我们弄明白社会生活规律的前因后果。

社会生活需要掌握的另一个重要工具就是明白及流畅地运用语言。语言将人与动物区别开来，称得上人类的一个奇迹。语言同样符合规律的适用性原则，它是依据社会生活的要求产生的，并以社会生活为基础。离群索居的人，是不需要语言的，因为语言只在社会生活中才有存在的必要，它是社会生活的产物，是连接社会成员的纽带。在有些人身上，这一点表现得很突出。这些人或者为了逃避和他人联系、接触，或者因为外部环境逼迫，与其他人交往得非常少，甚至完全没有。结果，他们在语言表达上就表现出了缺陷或障碍，也非常不擅长学习外语。可见，只有人与人之间保持联系与交流，语言才可能形成并延续下去。

在人类心灵发展中，语言的意义极其重大。只有语言发明之后，逻辑思维才能产生并得到发展，我们才能产生概念并了解不同的价值观。概念的形成并不是个人的力量，它的产生必将涉及整个社会，因为只有具备了普遍适用性，我们的思想和情感才能为人理解。例如，我们看见美的东西会心里愉悦，原因就在于我们已经对美的认识、理解和感受有了共同的认识，或者已经确立了一项基本的审美原则。而思维和概念也如审美、智慧、感觉、知觉一样，以社会生活为源头，并在社会文明发展进程中将社会成员紧密联系起来。

四、社会感

现在我们已经有了一个清晰的认识，即诸如法规、图腾、禁忌，以及信仰、教育等人类生存的规则，一定会受到社会生活的制约，必须得到社会的认同。这一观点我们曾列举宗教的例子，展开过讨论并得到验证，同时我们还得出，无论是个体的角度还是团体的角度，适应社会生活都是心灵最主要的任务。所有诸如公正、正直等我们视为人类性格中最宝贵的品质，都是人类社会所需要的品质。社会生活所必需的要求塑造了人类的心灵，并指引心灵的一切活动。责任感、忠诚、坦诚、热爱真理等美德，正是符合了社会生活中的普遍适用性原则，才得以形成并延续至今。可见，只有站在社会的立场上，我们才能对一种性格的优劣做出判断，因为一个人的性格就如同科学、艺术、政治上的成就一样，只有证明它具有普遍适用性原则才能为人所接受，被人注意。也就是说，我们习惯用他对社会做出的贡献来衡量评价此人。我们往往用一个理想化的形象作为标准，来评价具体的人。这个理想的形象能借助有益于整个社会的方法，从而解决个人的难题，并将自己的社会感提升到某种高度。按照福特·缪勒的说法，这种人就是“依据社会法则掌控人生的人”。在后面的讨论中，我们将越来越深刻地认识到：如果一个人想要融入社会，想要让自己符合社会标准，就必须好好经营自己与他人的关系，并努力掌握社交技巧。

第三章　儿童与社会

孩子的成长是一个缓慢的过程，是循序渐进的。因此对于人类来说，社会具有很强的保护作用。没有社会的保护，人类不可能延续下去。

按照社会的要求，我们每一个人都要承担一定的社会责任。这些责任不仅影响着我们的生活规则、生活方式，还影响我们心智的发展。

当人类面临种种责任时，劳动分工便出现了。它将人类之间的关系变得更加紧密，而不是隔绝开来。

每个人都需要帮助他人，从而同呼吸、共患难，这样才能维持和谐、紧密的关系。

下面我们就刚刚出生的婴儿所面临的环境，来展开详细的探讨。

一、婴儿的处境

在成长过程中，任何孩子都非常依赖社会的帮助，但他仍然会发现，这个社会不仅给予，还在索取；不仅在提供生命所需要的帮助，也需要人们去适应社会。在提升自己能力的过程中，孩子肯定会遇到各种阻碍，并因此产生挫败感，甚至感到非常痛苦。不仅如此，孩子在很小的时候就能体会到“一山更比一山高”的道理，他会发现，在他周围有很多人比他更有才能、更成功、更容易实现理想。童年时代的种种环境要求孩子拥有一个具有综合功能的器官，以保证生命能够正常运行，心灵就这样产生了。根据消耗最少、获得最多的原则，心灵肩负着评估周围环境的使命，并引导孩子接受下一个处境。因此，当他发现别人能轻易地开门或搬动重物时，当他看见别人威风地发号施令，其他人只能俯首听命时，孩子就会羡慕不已，觉得别人的体型、个头、力量、权力非常了不起，心里便不由自主地想要长大、想要变得和别人一样强大，甚至比别人更加强大。他会将这当成是自己最重要的人生目标，希望能控制身边人和自己的环境。与此同时，他会发现大人们总是看不起他的能力，因为弱小，他只能接受大人悉心的照顾。根据这个，他自然领悟到如何去支配他身边的大人。孩子掌控他人的方法有两种，一种是按照大人的行为和生活方式继续成长，即延续权力和力量；另一种是尽量表现自己的弱小，以寻求大人的帮助。这两种方式分别代表了两种心理倾向和性格类型。

在生命的最初几年，人的性格已经形成。一些孩子希望通过努力来获得力量和技巧，并将得到他人的认可作为自己的目标；也有一些孩子则一心想利用自己的弱小，并以各种方式来示弱，以期获得他人的帮助和关心。只要仔细观察一个人孩提时代的态度、表现、谈吐，就能发现他属于哪一种性格类型。不过，想要真正了解一个人的性格，还需要了解其性格产生的环境。

在每一个孩子身上，我们都能发现环境留下的影响。由于孩子所处的环境差别巨大，因此在这里我们重点探讨对孩子不友好的环境。因为孩子还没有成熟的思想和洞察力，在这样的环境中，孩子往往会产生一个不好的印象，即整个世界都在与他为敌。假如在以后的成长过程中，孩子所受到的教育没有消除这种错误想法，那他的心灵就会按照这一轨迹继续发展，与世界敌对的想法就可能会在他的行为举止中体现出来。一旦他的人生中遇到更大的困难，这种敌对意识便会日益加剧。这种情况更多地发生在有生理缺陷的儿童身上，他们有的行动不便，有的身体残疾，有的体弱多病。相比健康的孩子，这些孩子会以完全不同的态度对待环境。

不过，身体缺陷并不是导致孩子错误认识世界的唯一原因，不正常的环境同样可能导致其形成不健康的心理倾向。不正常的环境向孩子提出不合理要求或以不合理方式向孩子提出要求，其导致的后果和身体缺陷给孩子带来的后果一样。例如，孩子所处的环境是愁苦、沮丧的，就会迫使渴望适应环境的儿童感到不知所措，围绕在他身边的悲观情绪也会让他变得悲观。当然，如果孩子极力想要弥补自己的缺陷，只要他得到最大的鼓励，那他就可能发挥出他的才能和潜力，重塑自己，使自己成为健康的人。

二、困境的作用

孩子经常会遇到各种各样的困难，这些困难逼迫着孩子做出应对，但因为孩子还没有准备好，结果就会犯这样或那样的错误，这是很自然的事情。通常来说，孩子的心理只得到了初步的发展，适应能力也不够完善，他们需要付出很多努力去适应当前的状况，而这些状况许多都是不可改变的。如果能在对自身环境所做出的错误反应中进行深刻的反思，便会发现，我们的心灵一直在不断尝试寻找正确的答案、做出正确的反应，并在生活中加以验证，从而取得不断地进步。这就好像在持续做一项实验一样。在对孩子行为模式进行观察时，需要高度注意孩子面对成长期间遭遇的某种特殊环境时所做出的反应是什么样的。因为根据他们此时此刻的态度，我们能摸清他们的内心世界。当然，在研究中我们要牢记，无论评价个人还是社会，都不能只依据某个固定的模式统一处理，而是要具体情况具体分析。

在心灵成长的过程中，孩子遭遇的困境会导致孩子社会认知的发展受到阻碍和扭曲。有的困境来自外部环境，如经济、社会、种族、家庭情况等；有的困境来自孩子自身的问题，如身体缺陷等。人类文明的延续和发展，是建立在健康的体魄和健全的器官之上的，因此身体有缺陷的孩子必然在处理人生问题方面处于劣势，比如走路很晚的孩子、运动困难的孩子、说话很晚的孩子，还有那些因为大脑发育迟缓而长时间显得笨手笨脚的孩子，等等。大家都知道，这类孩子经常自己把自己弄伤，他们反应迟钝，身体饱受折磨，心灵也是一样。这个世界并没有因此而同情他们，也没有为他们提供专门的设计，相反，他们还必须因为身体的缺陷而陷入重重困境。当然，随着时间的推移，如果他们精神上的痛苦并没有让他们对生活绝望，他们可能会获得某种心理方面的补偿，抚平心灵的创伤。不过，假如经济条件很恶劣，结果就不好说了。所以不难理解，人类社会的固有规则，很难获得身体有缺陷的孩子的认同。这种孩子会在机会来临时犹豫不决，不相信机会是真的；他们孤立自我，习惯逃避责任。面对生活中的敌意，他们非常敏感，甚至会在不经意间夸大这种敌意。他们对痛苦的关注远远高于光明的一面，不过整体而言，他们对二者都相当重视，故而总表现出一种争强好胜的样子。他们不关心他人，只关心自己，却希望别人能善待他们；他们认为人生中的责任是成长道路上的阻碍，因而不能像很多人那样在责任的鼓励下发愤努力。总之，他们对这个世界抱有敌意，越来越阻断他们自己和周围环境的联系，并且这个鸿沟越来越难以逾越。他们在处理任何事情时，都表现得过度谨慎或过度迟疑，与他人的交往让他们越来越远离真理和现实世界，摆在他们面前的困难自然也越来越多。

如果孩子不能从父母那里得到足够的体贴和关爱，那他就很可能遭遇类似的困境，这肯定会严重影响孩子的成长。这个孩子会变得越来越执拗，不知道什么是爱，也不懂得如何去爱，因为爱的本能没有在他身上被挖掘出来。在缺乏爱的家庭中长大的孩子，很少有关心他人的行为，他选择在爱和关怀面前逃避，这已经逐渐成为他基本的人生态度。另外，如果遇到不懂爱的父母、老师或其他成人总是告诫孩子，灌输给他一些错误的言论，如爱与亲情是不应该有的、可笑的、荒唐和滑稽的等，也会产生不良的后果，让孩子形成上面讲到的人生态度。很多孩子就是在这样的教育环境中长大的，受到影响最严重的是那些曾在爱和柔情方面被嘲笑过的孩子。这类孩子生怕对别人展示出爱与关怀，认为这样很荒唐、滑稽、啰里啰唆。他拒绝正常的柔情，认为柔情会让他变成奴隶，降低他的身份。就这样，在童年时期，他的人生就已经出现了阻碍，之后想要再次体验爱与柔情，就变得十分困难了。孩子处在这样野蛮的、压抑一切柔情的教育环境中，很容易形成怯弱、胆小的性格：渐渐与生活脱节，一点点断绝和外界的联系。可是，对孩子的心灵成长来说，与外界联系是非常重要且不可缺少的环节。偶尔身边有个人向他示好，主动和他接触，他才会轻易与此人建立亲密的关系。这就可以解释为什么有的人长大之后只会与某一个人建立良好的社会关系，而无法和这个人以外的其他人建立关系。前面提到的那个男孩就是这样的情况，他的经历充分显示了这类人在人生中可能会遭遇的全部人生困境。当他注意到他母亲只对他弟弟好的时候，感觉自己被忽视了，因而长大后一直四处寻找，想要寻回年幼时丢失的温暖和关怀。不言而喻，这种人接受的是压抑而强制的教育。

当然，教育中如果柔情过多，同没有柔情一样对孩子有害。娇生惯养的孩子与被严格教育的孩子一样，会在成长中遭遇很多困难。从小就一直备受宠爱的孩子极度渴望温情，往往和某个人或某些人难以分开。过分强调柔情的价值，会让孩子产生错误的想法，即凭着他人给予他的爱，要求大人们必须对他的成长负责。这样做是很容易的，只需要告诉父母："你们必须为我做任何事情，因为我爱你们。"这种情况在一般家庭中经常出现，已经成为一条明显的定律。孩子一旦在某个人身上看到这种表现，哪怕只有一点点，就会主动表现出需要更多的关爱，从而让这个人顺从自己。如果我们看到孩子只对家庭成员中的某一个人表现得特别依赖，就要格外留意了。毫无疑问，溺爱对孩子的未来没有好处，在以后的人生中，他会不择手段地拼命获取柔情。为了达到这个目的，他可以采取任何方法去征服对手（即便是兄弟姐妹），甚至散布流言来打败他们。这样的孩子可能会怂恿自己的兄弟姐妹去做坏事，以便让自己显得光彩照人、品行端正，从而得到父母的宠爱。他还会给父母施加压力，吸引父母的关注，并想方设法成为众人的焦点。倘若他变得懒散或者干坏事，其目的只是为了得到父母的关注；如果他表现优秀，也只是因为他想获得他人的关注。对他来说，别人的关注就是一种奖励。

通过以上的探讨，我们可以得出结论：一旦心灵模式确定，便能为了目的，不择手段。孩子会为了达到目的，或者走向邪恶的一面，或者走向好的一面，都有可能。我们经常可以看到，几个孩子凑在一起，有的通过犯错误、扰乱秩序来吸引众人的眼球，有的则通过自己的良好表现来获得人们的注意，显然后一种孩子更加聪明。

有的孩子成长过程一帆风顺，所有的障碍都被人清理得干干净净，不过这些孩子的能力却并不高，因为环境太友好、太舒适了。他们和被宠爱的孩子一样，本来应该承担责任，却没有机会面对；本来可以自己为自己的未来做好准备，却没有获得准备的机会。他们不知道怎么和那些愿意和他们接触的人保持良好的关系，更别说是那些因为成长出了问题而不擅长处理人际关系的人。他们从来没有机会亲自去面对困难，也没有受过这方面的培训，自然也不会有经验面对现实人生。这样的孩子，一旦他们离开家庭的温室，注定要遭受失败，因为外面的人不会像家人一样宠爱他们，从而为他们遮风挡雨，所以他们在短时间内是很难适应的。

这些现象全都会让孩子形成不同程度的孤僻性格。肠胃系统有毛病的孩子一般会非常重视营养，如此他们与肠胃健康的孩子就有不同的成长经历。生理存在缺陷的孩子通常生活方式特别，他们也许会因此承受压力，从而变得孤僻，过着离群索居的生活。还有一些孩子对自己与环境的关系认识不清，甚至还想断绝与他人的关系，他们一般都不会参加同伴的游戏，自然也无法找到朋友。他们要么觉得自己不如其他健康的人，要么看不起同龄人玩的游戏。不管哪种情况，最终结果就是他们把自己关在房间里专心致志地玩自己的游戏。受过严格教育的孩子也可能面临与社会隔绝的危险，变得性格内向，在他们眼里，人生没有任何意义，生活就是痛苦的。他们要么觉得自己只能忍受生活的一切，对一切困难和悲苦逆来顺受；要么觉得自己像个战士，随时准备与充满敌意的环境斗争。在他们看来，生命永远是沉重的，生活永远是艰辛的。如此一来，我们就不难理解，为什么他们大多数都希望与他人划清界限，避免其他人侵犯自己的私人领地，保护自己的独立人格。因为外部环境在他们的眼中从来就不是友好的，他们必然因此而紧张、小心，并背上沉重的思想负担。当他们遇到不好解决的问题时，他们倾向于逃避，不愿意正视困难以及可能会失败的结局。

这些备受溺爱的孩子还有一个共同的特征就是，他们更加自私，考虑自己多于考虑别人。这一特征导致他们的社会感发展并不充分，并建立起相对悲观的世界观。如果他们不能找到纠正自己错误的方法，那么他们一生都不可能获得幸福。

三、人的社会属性

前面我们已经详细论述过，通过观察一个人生活的特定环境，才能准确了解他的人格，从而推断出他在这个世界的特殊位置。这里说的“位置”指的是他在社会中的位置，包括他对周边环境的态度，以及对职业、社会交往和人际关系等人生问题的态度。职业、社交、人际关系是每一个人生来就必须面对的问题。我们可以根据这个推断，生命伊始外部环境在个体身上留下的所有印记都会对他的人生产生强烈的、不可磨灭的影响。在孩子刚出生的几个月内，他的人生态度就已经确定了。每个孩子从这个时候便开始展现出与众不同、意义明确的行为模式，以便与其他孩子区别开来。随着孩子不断成长，这种行为模式越来越清晰，且不会再发生改变。同时，社会关系也会不断加强对其心灵的影响。与生俱来的社会感，随着他对柔情的追逐而逐渐显露出来，追求柔情必然引导孩子向其他人靠近。弗洛伊德认为，孩子的爱恋是以自己的身体为对象，但实际上他人才是孩子爱恋的对象。弗洛伊德说，随着年龄的增长，性冲动的强度和表现方式会发生变化。在2岁孩子的身上，他们的性冲动主要是通过语言表达出来。只有当孩子的精神机能严重退化时，深深根植于每一个孩子心灵深处的社会感，才会消失。总之，社会感会如影随形地伴着人的一生。社会感不会消失，但可能会在某些状况下发生改变，或者扭曲，或者受限，或者扩张，或者拓宽，不仅拓展到所有的家庭成员，还会扩展到整个家族、国家乃至全人类，甚至扩展到动物、植物、无生命的物种直至全宇宙。因此，我们通过研究得出一个重要的结论：人必须具有社会属性。明白这一点，对我们理解人类大有帮助。

第四章　我们生活的世界

一、如何认识世界

为了适应外部环境，每个人的心灵必须具备从外界接收信息的能力。此外，心灵还会追逐一个明确的目标，根据自身对周围环境的认识，循序渐进地建立起某种理想的行为模式。这种建立过程从一个人的婴儿时期就开始了。虽然我们无法用明确而专业的术语来清晰、确定且合适地解释心灵的这些表现，但这并不会影响它的存在。而且一直以来，我们都认为心灵会有上述表现是因为人类内心的无力感。只有当内心产生一种目标后，心灵才展开种种活动。正如我们所知，目标的建立需要以能够应对变化及一定的自由活动为前提。其中，自由活动带来的丰富的心灵使其价值不容忽视。当孩子第一次从地上站起来时，他们就迎来了崭新的世界，同时也会立刻感受到周围隐藏着无数的危险和敌意。在孩子最初做出尝试时，特别是刚开始学走路的时候，他们需要经历各种困难，这些困难可能会激励他们继续努力，并增强他们对未来的信心，也可能会给他们带来毁灭性的打击。在成人眼里，有些不值一提或微不足道的事情，却可能会对孩子产生巨大的影响，并决定他们对世界的印象。例如，那些行动受阻的孩子，很可能就会向往那些剧烈而快速的运动。要证明这个问题很简单，只要问他们长大后希望做什么就可以了。一般他们都会回答自己渴望成为汽车司机、火车司机等。这些都清楚地表明他们想克服运动上的不便，他们的人生目标就是用完美的自由行动，清除内心的自卑感和障碍感。这种自卑感在发育迟缓、身体柔弱的孩子身上最明显。同理，如果孩子生来眼睛就有疾病，那他们就更加渴望用眼睛来了解世界；如果孩子天生听力有问题，那他们就很可能会对愉悦的音调表示浓厚的兴趣，他们更可能成为“音乐爱好者”。

在了解和接触世界的过程中，孩子会调动一切身体器官，其中最重要的便是感觉器官。借助感觉器官，人们确定了自己与世界的关系。由于人们通过眼睛观察世界，因此眼睛成了最关键的器官。只要我们睁开眼睛，色彩斑斓的世界就吸引着大家的注意，可以说，视觉对于接受环境信息具有不可替代的作用。不同于耳朵、鼻子、舌头、皮肤等感觉器官只能感受瞬间的刺激，视觉更加长久、印象更深刻。不过也有例外，有些人接收信息和印象主要是靠耳朵，因此心灵机制也倾向于听觉。还有一部分人以肌肉活动为主要感觉器官，但这部分人不是很多。同时也有一部分人的嗅觉和味觉异常敏感，对气味敏感，不过数量更少。还有一些孩子，身体中占主宰地位的是肌肉系统，他们天性好动，小时候就喜欢动来动去，长大后更是如此，他们对运动类的活动很感兴趣，甚至睡觉也不肯安静下来，比如他们会在睡觉时烦躁地翻身。还有一些孩子也表现出“坐立不安”的多动性，这种多动一般被认为是一种坏习惯。一般来说，孩子接触世界，往往是通过强化某一个器官或器官系统，无论是感觉器官还是运动器官——来实现的。如果不是这样，他们很难继续生存下去。孩子会使用自己比较敏感的器官来搜集外部世界的信息，然后根据这些印象，形成对世界的整体认识。所以，想要了解一个人，我们可以通过了解他是通过哪种器官来认识世界的，因为这个会影响他与外部世界的关系。此外，我们只要清楚一个人的生理缺陷对童年时代的世界观以及之后的成长有何影响，就能理解这个人的行为和反应的动机。

二、世界观的组成要素

每个人心里都会有一个最终的人生目标，这个目标不但决定我们的所有行动，还影响着心理机制的选择、心理认知能力的程度与活动。只有具备心理认知能力，我们才能对世界产生某种认识，即心理认知能力决定了人们的世界观。这就是为什么我们只能感受生命的特殊一环，或者事情的一个特定片段，以及我们只能认识自身所处的环境。所有人都只关注和自己目标有关的事情，所以想要对一个人有充分的了解，就必须对其内心深处的那个目标透彻理解。因为如果不知道那个目标是如何影响个人的一举一动的，就不可能对这个人做出全面而客观的认识。

（一）知觉

知觉是感觉器官接收外部世界的印象和刺激，将其传送到大脑并留下记忆痕迹的过程。在此基础上，建造了想象和记忆的世界。但我们绝不能将知觉和相片相提并论，因为知觉不可避免地具备个体特性的不同性。一个人看到的事情和他感受到的事情并不一致。任何两个人面对同一景色的反应是有差异的，对看到事情的感受也不可能一样。孩子能从周围的环境中感受到很多东西，这些东西一定会和他之前形成的行为模式相符合。比如，视力较好的孩子在感知世界时必然具有明显的视觉特征。大部分人通常喜欢形象思维，也有一部分人主要通过知觉为自己描绘多彩的世界图画。知觉不一定非要完全和现实吻合，任何人都有能力调节自身与外界的各种关系，使之与自己的认识模式相符合。可以说，一个人的个性就表现在他如何去感知以及感知到了什么。

知觉不仅仅是简单的生理现象，它还是一种心理认知能力，通过分析这种能力，我们可以从中观察和解析他人的内心世界。

（二）记忆

心灵在具备了一定的感知后，还必须开展多种活动。心灵的活动离不开人的自由运动能力，它按照自由运动的目标和目的展开各种活动。作为适应性调节器官，心灵必须将来自外部环境的各种信息和刺激收集起来，加以整理，且心灵还需要协调所有官能的发展。人类想要生存下去，想要保护自己，这些官能发挥着关键性的作用。

大家已经了解，面对生活中的种种苦难，每个人的反应是不相同的，而这些反应会在心灵中留下印记。人类需要适应外部环境，因此记忆和评判这两项功能对人类心灵来说不可或缺。如果没有记忆，人们就无法预防灾难。因此我们可以大胆推测：每个记忆背后都隐藏着一种无意识的目的，它不是偶然的，目的只有两种，要么激励人们继续这么做，要么警告人们吸取教训。一句话，不可能存在没有意义的记忆，只有弄明白记忆背后隐藏的目标和目的，我们才能对某个记忆做出正确的评判。

有一点很重要，那就是为什么人记住了一些事而忘记了另一些事情呢？人们之所以要记住一些事情，是因为这些事对某个特殊心理倾向至关重要，它们能推动某种关键的潜在运动。反之，我们自然会忘记那些对于实现目标无关紧要的事情。这说明，记忆有目的性，它受人类生存发展的目标指引、支配。一个记忆，就算它不是真实的，不是准确的（童年时期的记忆大多如此，虚假且充满偏见），只要它符合达到目标的利益，那么它就能一直保留在脑海中，变成一种态度、一种情调，甚至一种哲学观点。

（三）想象

一个人是独一无二的个体，能通过幻想和想象最为清晰地体现出来。这里说的想象，指的是知觉重现，即感知的对象并没有出现，却产生知觉的过程。也就是说，想象是被复制出来的知觉，是心理创造力的证明。但想象不仅仅是知觉的重现（知觉本身就是心灵创造的产物），还是在知觉的基础上进行的全新而独特的创造，就像知觉的产生是在生理感觉的基础上一样。

幻想的清晰度，远远高于常见的想象。幻想出来的表象具有鲜明的轮廓，不仅拥有想象的价值，还具备影响个体行为的作用，就好像真的存在那种刺激物一样。当幻想显得似乎是由某个真实存在的事情刺激出来的，就称之为“幻觉”。幻觉产生的条件，和白日梦产生的条件一样。每一种幻觉都是根植于幻想着的目标和目的，是心灵的艺术创作。我们可以举个例子来说明这一点。

有一个年轻的聪明姑娘，她不顾父母的反对，嫁给了不被父母认可的男人。她的父母因此非常生气，并和她断绝了一切关系。时间一天天过去，她开始觉得父母对她很不好。他们原本有很多机会和好，但是因为双方的固执、骄傲都以失败告终。这位姑娘出生在富裕的家庭，受人尊敬，但婚后却穷困潦倒，处境艰难。不过从表面上看，她的婚姻并没有什么不幸的迹象。后来，发生了一件奇怪的事情，这才让大家觉得她并不是安贫乐道。

这位姑娘原本是父母的掌上明珠，与父母的关系也很好，也正是因为这样，这次决裂才显得那么彻底。父母因为她的婚姻，不再善待她，他们之间的裂痕日益加剧。甚至她的孩子出生，她的父母也无动于衷，没有去看望她或者孩子。这位姑娘本来自尊心极强，在她需要父母安慰照顾的时候，父母却没有来，这无疑伤了她的心，戳到了她的软肋。所以，她一直无法原谅自己的父母。

需要注意的是，这位姑娘追逐的目标彻底支配了她的情绪。

正是这种情况，我们可以清楚地了解到为什么她与父母关系破裂会给她带来这么大的影响。她的母亲是一位严格而正直的人，具备许多优良的品质。可是在女儿面前，这位母亲却表现得十分苛刻。她懂得如何在不违背丈夫的情况下稳固自己的位置（至少表面上是这样）。她的确向人们显示了她的顺从，并为此感到骄傲。这个家庭还有一个儿子，他的脾气和他的父亲很像，他是下一任的家族财产继承人。这样，儿子自然就比女儿更得到父母的重视，而这激起了姑娘的占有欲。结婚以后，这位一直养尊处优、曾在父母呵护下长大的姑娘却生活在穷困艰难之中。于是，她经常回想父母对她的虐待，怨恨的情绪越来越强烈。

一天夜里，在她入睡之前，圣母玛利亚走到她的床前，告诉她："孩子，我非常爱你，所以有件事我一定要告诉你。你将在12月中旬离开这个世界，我不想你毫无准备。"

这个幻象并没有吓到她，她叫醒了她的丈夫，一五一十地告诉他。第二天，她又将这件事告诉了她的医生。这显然是一个幻觉，但她坚持是自己亲眼所见、亲耳所听。这种幻想看起来匪夷所思，但如果运用我们的学科知识进行分析，其实并不难理解。实际情况是这样的：这位姑娘具有很强的占有欲，同时我们观察到她很喜欢控制人。与她的父母决裂后，她发现自己陷入困境中。如果一个人想要征服生活中的一切，那他便有很大可能接近上帝，与上帝交流。如果圣母玛利亚出现在想象中，例如祷告，谁也不会觉得有什么特别奇怪的地方。不过，这位姑娘的情况还需要进一步说明。

一旦我们明白灵魂可能玩一下花招之后，就能彻底洞悉这件事的秘密。很多人在遭遇过类似的情况时都会做梦，不是吗？不过这位姑娘在清醒时也能做梦，这就是二者的区别。需要额外说明的是，她的抑郁情绪使她的欲望承担了极大的压力。现在我们意识到，另一位母亲来到了她的身边，而这位母亲还是所有人心目中最了不起的母亲。这两位母亲形成了鲜明的对比，她的母亲没有来，但是圣母来了。这种幻觉的出现其实是她在指责自己的母亲对自己缺乏关爱。

这位姑娘其实极力想证明父母是错误的。12月中旬是一个重要的日子，每年的这个时候，人们往往更容易想起亲人，大多数人满怀温情互相来往、互赠礼物。对于迫切想改善关系、重修旧好的人来说，这是一个好时机。因此我们可以理解，这个特殊的日子和她发觉自己身处窘境密切相关。

在这个幻觉中，只有一点让人觉得奇怪，即圣母的到访是告诉这位姑娘，她将要离开人世这个消息。可是这位姑娘在将此事讲给她的丈夫听时，却用一种兴奋、幸福的语调。没过多久，圣母的这个预言就在姑娘家传播开来，第二天便传到了医生那里。最后，这位姑娘的母亲改变心意，过来看望她，满足了她的心愿。

几天后，圣母玛利亚再次出现，再次说了相同的话。当我们问她和母亲的见面有什么结果时，姑娘说她母亲并不承认自己的错误。因此她想支配母亲的愿望并没有实现，所以把之前的伎俩又用了一次。

这时，我们向她的父母讲述了她的真实生活，最后成功安排了一次父女的见面。当时场面很感人，但这位姑娘仍然不满意：她说父亲表情夸张做作，还抱怨他没有早点来看她。可见，她还是没有得到满足。即使获得成功，她仍然不愿意摆脱自己追求的欲望，即其他人都做错了，只有她自己永远正确。

综上所述，我们得出一个结论：在精神压力最大，以及担心目标不能实现的情况下，幻觉最容易出现。在相对落后的地区以及很久以前的时代，幻觉发挥着巨大的作用。

游记中有很多关于幻觉的描述，这一点大家都很清楚。有一个极好的例子，就是沙漠中的海市蜃楼。在沙漠旅行途中，旅行者迷路了，又累又渴，疲惫不堪，便会看见海市蜃楼。我们知道，当生命面临危险时，在巨大的精神压力下，人们会通过想象为自己创造一个光明、振奋的情境，以逃避压力带来的不愉快感。这里的海市蜃楼代表着一种新的情境，它能激励极度疲倦的人重新振奋、犹豫不决的人下定决心，能让旅行者更加坚定或敏锐。可以说，它就是一剂麻醉剂，让人忘记恐惧带来的痛苦。

由于我们很早就已经在感知、记忆、想象中看见过类似的现象，因此幻觉对我们来说并不是一件新鲜事。在之后讨论梦境的过程中，我们还将看到同样的现象。有两点能很容易地引发幻觉，一个是增强想象力，一个是消除中枢神经的辨别功能。在遇到危险时，在紧急时刻，在巨大的压力下，人就可能产生幻觉以便让自己战胜自己的软弱。压力越大，理性思考就越少。那些将“自救”当成座右铭的人，在这样的境况中，就会调动全部的精神能力以达到这一目的，并迫使自己的想象变成幻觉。

错觉和幻觉很相似，它们具有相同的基本环境，包含相同的精神危机。二者的区别在于，错觉与外部世界保持着某种被误解了的联系，就像歌德的《魔王》中所描述的一样。

接下来我们再列举一个例子，来说明灵魂的创造能力是如何在需要的时候制造幻觉或错觉的。有一个男人出生在富裕之家，因学习不好而无所作为，只当了一名小小的职员。他对自己的前途感到绝望，这让他承受了巨大的精神压力，而朋友们的责备更是火上浇油。这个时候，他染上了酒瘾，希望借此忘掉烦恼，也给自己事业失败找到了借口。但很快，他就因为患上震颤性谵妄症而被送进了医院。谵妄和幻觉非常相像，酒精中毒的谵妄病人时常会看见老鼠、昆虫、蛇等小动物，还会幻想一些和自己的职业相关的事物。

他的主治医生坚决反对他继续喝酒，并对他进行了严格的治疗，让他彻底戒了酒。康复出院后，他也一直没有饮酒。可是，三年后，他又住院了，这次是因为一些新的病情。他说，他经常看见一个斜着眼、笑嘻嘻的人在监视自己工作。他现在的工作是临时工。有一次，那个人还嘲笑他。他在愤怒之下抓起铁锨扔向那个人，想看看这个人到底是人还是鬼。结果那个幽灵却避开了他，还扑过来将他狠狠揍了一顿。

病例中的幻觉对象居然能对他拳脚相加，就不能再说那是什么幽灵了。不过这不难理解。这个男人一直有产生幻觉的习惯，不过他这次遇见的不是幻觉，而是真人。很明显，虽然这个人不再酗酒，但出院后的处境却变得更加糟糕。他失去了工作和家庭，不得不靠做临时工来维持生存，而临时工是他和他的朋友最看不起的工作。结果，他的精神压力并未减轻。虽然经过治疗，他戒掉了酒，但处境却变得更加凄惨，因为他无法继续从酒中获得安慰。在酗酒时，他好歹还干着小职员的工作，还能依靠酗酒逃避家人对他一事无成的谴责。在他看来，因为自己是酒鬼才一事无成这件事，比承认自己工作能力低下要体面一些。身体康复后，他不得不再次面对现实，各种压力与从前相比没有丝毫减轻。假如这次他失败了，他就找不到自我安慰的借口；以前他还可以把一切都归结为酒，而现在却没有任何借口了。

在精神处于压力下，幻觉会再度出现。在他看来，他和以前没有什么区别，还是一位酗酒者，并以此来看待这个世界。他很清楚自己的一生已经被酒给毁了，现在也不可能挽回。他希望通过生病来摆脱这份不光彩的工作，而不是主动辞职。在很长一段时间内，他一直存在上面提到的幻觉，并再度被送到了医院。眼下，他可以这样安慰自己：如果不是因为酗酒，他一定能功成名就。靠着这种方法，他可以一直对自己保持高度的评价。相比保住工作，维持高度的自我评价要重要得多。他付出一切努力来说服自己，如果不是因为太倒霉，他一定能取得很大的成就。这就足以证明，为什么他始终那么自负，觉得别人都不如自己，只不过在他的前进之路上有一个无法跨越的阻碍。他拼命地为自己的失败寻找借口，以便让自己得到安慰，正是在这种心理作用下，他才产生幻觉：那个人在嘲笑他，而这个幻觉也让他的自尊心不受伤害。

三、幻想

幻想是大脑的另一种创造功能，它包含了前面叙述过的种种现象。幻想和白日梦一样，也是大脑创造性活动的一部分，正如那些能进入意识之中的清晰的记忆，以及那些能在头脑中建造神奇上层建筑的想象一样。构成幻想的重要要素有预见和预测，它们也是一切运动生物的基本能力之一。幻想与人的运动性密切相关，实际上它就是一种预见未来的方法。幻想常常涉及未来，虚构一座“空中楼阁”，作为现实生活的榜样，所以幻想有时被称为“白日梦”。在对孩子的幻想进行研究后表明，对权力的追逐在孩子的幻想中占主要位置。孩子的幻想中充斥着他所追逐的目标，第一句话通常是“长大后，我将要如何”之类的话。在日常生活中，也有许多成人像孩子一样，生活的重心在于追逐权力。这也再一次表明，发展心灵需要确立一个目标。在我们的文化中，这个目标就是获得社会的认可和社会地位。以人类社会生活的要求为依据，人们需要不断进行自我评判，这必然会激起对优越感的追求，激起在竞争中获胜的欲望。所以，一个平庸的目标是不可能让人满足的。孩子的幻想，拥有各种鲜明的预测方式，基本都是展示权力和力量的场景。

由于无法给幻想的程度和想象的范围做出清楚的界定，因此我们不能一概而论。虽然上面的内容适用于大多数情况，但对一些特殊情况并不适用。例如，对生活充满敌意的孩子，在好胜心的作用下，会变得谨慎、处处小心，并始终处于紧张状态，幻想能力会得到较高程度的发展。同样拥有丰富想象力的还有那些生活上不如意的孩子，他们极容易在幻想中沉迷，逃避现实。有时候，幻想也被用来批判现实。在这种情况下，幻想带给人一种对能力的陶醉，个人可以通过这种虚幻的方式，来摆脱现实中平庸的生活。

在幻想中，发挥同样重要作用的还有社会感，这种社会感通常产生于追逐权力的过程中。通常来说，孩子在幻想中对权力的追逐一般表现为：在社会性事务中显示自己力量的强大。这一特征在部分幻想中清清楚楚地展现出来，如幻想自己是救世主，幻想自己打败了邪恶的力量，幻想自己战胜了恶魔等等。还有不少孩子会幻想自己来自另一个家庭，他的生父是非常厉害的人，某一天会来接自己离开这里。那些具备强烈自卑感的孩子，那些觉得自己总被剥夺的孩子，那些很难吸引别人注意的孩子，以及那些在家庭中不能得到充分关爱的孩子，最容易产生上面的幻想。有些孩子表现得像一个大人，其对伟大理想的追求就暴露在这种外在的态度中。这个理想有时候会以一种近乎病态的方式表现展示出来，如有的男孩只戴硬礼帽，到处捡雪茄烟头，借此来假装自己是个男子汉；还有一些女孩希望自己是男孩，她的一举一动、穿着打扮就会像男孩子。

有些孩子被认为没有想象力，这显然是错误的，其实他们只是不想展示自己，或者说是限于某种原因使他们不愿意展示自己的幻想，还有一些孩子通过压制自己的想象来获得一种权力感。

这些孩子认为，幻想是一件有损男子汉气概或比较幼稚的事情，为了适应现实生活，他们拼尽全力让自己不陷入幻想中。甚至有一些孩子还会非常厌恶幻想，以致他们的想象力表面看来接近于零。

四、梦的概述

除了上面提到的白日梦，我们还有必要研究一下睡眠，以及在睡眠过程中发生的重要而有意义的活动。“日有所思，夜有所梦”总是被人挂在嘴边。老一辈经验丰富的心理学家曾指出，通过了解人的梦，可以轻易了解其性格。实际上，自古以来梦就是人类思想的重要组成部分。和做白日梦一样，睡梦中的人也是通过计划设计自己的生活，以保证自己的安稳。相比之下，白日梦更容易理解，睡梦则难以理解。睡梦难以理解这一点并不奇怪，人们总是认为睡梦是多余的，毫无意义。但只要一个人渴望通过获得权力、克服困难以维护自己的地位，就会在睡梦中得到体现。这一点，暂时可以成立。既然如此，我们也可以说，睡梦能帮助人们解决精神方面的问题。

五、移情与认同

心灵不但能感受真实发生过的事情，还能感受、推测将来发生的事情。由于能够自由运动的生物会不停地遭遇调节适应的问题，因此这种预见能力对任何运动生物都大有帮助。我们将这种能力称为移情或认同。移情或认同在人类身上发展得相当好，且分布广泛，在精神活动的每一个角度中都能发现它。认同与移情之所以能够存在，预见能力是前提条件。如果想预见即将出现的某一个特定情境下该采取什么行动，那我们就要掌握利用自己的思想、感受、知觉的相互作用，正确判断这个特定情境，并预先确定自己在这个情境中该采取什么样的行动。这样做有一个关键点，那就是对于这个特定情境，我们是应该鼓足干劲地去迎接呢，还是慎重小心地加以回避？

人与人之间的交流也会出现移情。如果在沟通的过程中不能认同对方，不能站在对方的立场上，就不可能理解对方。移情表现在艺术上，就是戏剧。此外，移情还有一个表现，即看见别人处于危险处境时，自己也会产生一种奇怪的焦虑不安的感觉。这种移情作用可能表现得很强烈，以至于人会不由自主地做出防守动作，尽管他自己并没有遇到危险。大家基本都已经了解，看到别人打碎杯子时，在场的人可能做出什么反应；我们也常常看到，一些打保龄球的人会随着球的滚动做各种动作，似乎想借此改变球的运动路线。同样，足球比赛中，在看台欣赏的观众，会在其喜欢的球队进攻时做出用力向前推进的动作；而在另一支球队控球时，努力做出抗拒的动作。还有一种现象经常发生，坐在汽车上的乘客会在遇到危险时不由自主地做出刹车的动作。从高楼下经过，如果发现有人在楼上擦玻璃，很多人都会缩着脖子不自觉做出躲避、保护的动作。当演讲者思维混乱、讲不下去的时候，听众也会产生郁闷、压抑和不安的感觉。这种情况在剧院里最突出，观众很容易就把自己想象成那些演员，在心里扮演各种角色。这种认同能力，感觉自己的行为和感受属于另外一个人，来源于我们与生俱来的社会感，并为生命提供强大的保证。它实际上就是一种宇宙感，反映的是我们与宇宙之间的关系。它是作为人必然具备的特征，它让我们能站在自己之外的立场上，产生认同感。

正如社会感有不同程度一样，移情也具有各种程度。这一点在孩子身上就能观察到：有些孩子特别喜欢玩玩具娃娃，把这些娃娃当成真人，喜爱至极；而另一些孩子则更关注自己的内心世界。如果只关注没有价值或没有生命的东西，切断人与人之间的社会关系，可能将阻止个体的发展。有一些孩子虐待动物，就是因为他缺乏安全感；如果他能设身处地站在其他生物的立场上，产生认同，就不会发生这样的虐待行为。孩子如果缺少社会感与移情能力，在与他人发生关系时，就只会为自己着想，只留意那些没有意义或价值很小的东西，对别人的种种情绪没有丝毫兴趣。极度缺乏社会感和移情能力的人，个体会彻底拒绝与他人进行合作。

六、催眠与暗示

一个人怎样对另一个人的行为产生影响呢？个体心理学认为，这个现象是伴随着精神生活产生的。只有人与人之间能够相互影响，人类社会生活才成为可能。这种相互影响在一些情形中格外强烈，如老师和学生、父母和子女、丈夫和妻子等。在社会感的作用下，人在一定程度上都比较乐意接受环境的影响，影响者如果非常在意被影响者的权力，那他就会更加自愿接受这种影响。影响者如果在伤害对方，那这种影响就无法维持很久。想要最大限度地影响某人，就一定要让某人觉得他的权力获得了保障，这是教育学上的一个相当重要的观点。行得通的教育方式有很多种，但遵循以上思想的教育方式一定与人最原始的本能相符合，这种本能使自己感觉到自己与他人、自己与宇宙之间有着千丝万缕的联系。

除非遇到那种一心想要脱离社会影响的人，否则这种教育方式一定是有效的。脱离社会影响并不是一件偶然为之的事情，当事人在决定之前内心一定会有一番激烈的斗争。在这个斗争的过程中，他与周围环境的联系逐渐淡化，直至成为社会的对立面。这个时候，对他施加影响非常困难，甚至可能性为零，不管什么形式的影响都是这样。这时，一个戏剧性的情景将出现在我们面前：他会抗拒或反击任何想要对他施加影响的行为。

面对教育者对自己的影响，那些觉得自己受到环境压制的孩子会产生抗拒情绪。然而，在某种情况下，外部压力有时候非常强大，以致能清除一切阻碍，导致权威的影响地位牢不可破，受影响者依旧选择继续顺从。不过，这种顺从对社会没有任何好处，有时还会以非常荒诞的形式表现出来，可能会导致服从者无法适应生活。也就是说，服从者习惯了无条件的顺从，一旦离开了别人的指引就不知道怎么办，也不知道如何思考。这种无条件的服从会产生严重的后果，其危险在于，当孩子长大后，他们会轻易被人掌控，甚至沦为犯罪的工具。

我们在犯罪团伙中常看见一些有意思的情况，团伙中的首领通常远离作案现场，隐藏在幕后，执行命令的人几乎都属于那种习惯无条件顺从的人。在团伙犯下的重大案件中，总能看见这种无条件遵守命令的小兵的影子。这种盲目、无条件服从影响深远，甚至到了令人惊讶的程度，有些人甚至为自己的这种俯首帖耳、唯命是从感到骄傲，认为这是达成自己心愿的途径。

如果我们来观察一下日常生活中彼此的影响，就会发现那些最通情达理的人最容易受到影响，他们的社会感也很少遭到扭曲。而那些渴望出人头地、掌控别人的人则相反，他们很难接受影响。这种现象在日常生活中每天都会出现，十分普遍。

父母经常抱怨的是孩子不听自己的话，很少有父母会抱怨孩子太顺从自己。研究表明，不顺从父母的孩子，一般生活在对他们有很高要求的环境中，而他们极力想要摆脱这个禁锢自己的樊笼。这是由于父母的错误教育方式，导致他们很难接受学校教育的影响。

接受教育的程度越低，对权力的渴望越强烈，二者成反比关系。但大多数家庭还是以激发孩子的进取心、刺激孩子的远大抱负为重点。这样做并不是因为父母考虑不周到，而是因为整个人类文明中到处都是这样的野心与抱负。无论是家庭中还是社会中，人们最看重的就是比身边的人更优秀、更出众的人。在之后的虚荣一节中，我们会进一步阐述这种刺激野心的教育方法是如何违背社会生活的，又是如何阻碍个体心智发展的。

想象一下在短时间内遵从一个人的所有疯狂的思想，会是怎样一种情况。催眠术的基础与此类似。有些人会表示自己愿意被催眠，但实际上他们并没有做好精神方面的准备，要无条件顺从；有些人故意在催眠期间抗拒，但内心深处却隐藏一种本能，即渴望顺从。在催眠过程中，一个人的行为只由他的心理态度决定，至于他说什么和他相信什么，都无关紧要。正是由于对这一点认知不够清楚，导致人们对催眠误会颇深。一般来说，人们在催眠期间表现得都好像是抗拒催眠，但实际上内心渴望服从催眠者的命令。之所以有不同的催眠结果，就在于对这种渴望的程度不同。可见，是被催眠者的心理态度，而不是被催眠者的意志，决定了被催眠的服从程度。

从实质上看，催眠很像睡眠。它之所以显得神秘，是因为它是在另一个人的命令下产生的。这个命令只有在被催眠者心甘情愿的情况下才有效果，被催眠者的本性和性格是催眠成功与否的决定因素。只有那些放弃自己的判断能力、愿意听从他人命令的人才能被催眠。这说明，催眠不同于睡眠的地方就在于，催眠彻底抛弃了被催眠者的运动机能，甚至催眠者能随意掌控被催眠者的运动中枢。催眠期间，人处于一种朦胧的浅睡眠状态，除了催眠者让他回想的事情，其他什么都想不起来。催眠期间，灵魂最精致的产物——人类的批判功能，发挥不了任何作用。可以说，被催眠者变成了催眠者的一只手，一种工具。这是催眠最重要的一个特征。

有一些人认为自己具备一种神秘的力量，能对他人的行为造成影响。这可能是非常危险的，特别是对于那些懂得催眠的人，他们可能会进行一些危害他人的活动。他们为了达到罪恶的目的，不惜犯下滔天大罪，不惜采用任何手段。不过，这并不是说他们的所有罪行都是建立在欺骗之上的。因为人是一种很容易服从的动物，极易受到那些自称有特异功能的人的控制，从而成为牺牲品。很多人都习惯顺从权威，却从不证明这个权威是否值得顺从。这已经成了他们的习惯，他们不自觉地被欺骗，宁愿被虚张声势吓住，却不对其进行理智的思考。借助神秘力量来欺骗他人的做法，不会给社会带来任何好处，只会连续不断地招到被欺骗者的抗议。玩弄催眠术的人经常会遇到那些假装被糊弄住的人，然后被狠狠戏弄一番。有时候就连那些试图催眠他人的科学家，也会遭遇这种情况。

还有一些奇怪的现象，真理和谬误交织在一起：被催眠者在一定程度上欺骗了催眠者，却又遵从催眠者的安排，是一个被骗的骗子。显然，这里起作用的是被催眠者是否愿意接受催眠的命令，而不是催眠者的力量。

接下来我们需要讨论一下暗示这个问题。将暗示归为印象和刺激，这一点比较好理解。因为人们不可能偶尔才感受到环境的刺激，或者只在一时接受外界的刺激，任何人随时随地都在接受外部环境带来的数不清的影响。一旦人对某种印象有了感知之后，就会不间断地接受它的影响。如果这种印象以某人的要求或恳求的形式出现，目的是为了说服他人接受自己的观点，我们就称这些印象为暗示。暗示的作用要么在于改变被暗示者内心原有的想法或思想，要么在于强调它。真正难以解决的问题是，每个人对外界的刺激，反应不同。任何人受影响的程度，与此人的独立性密切相关。我们必须留意两种人：一种人过于重视他人的观点，乐于被催眠、极易被暗示，不管自己的见解是否正确，都无关紧要；另一种人则完全无视他人的观点，认为任何暗示、刺激都是侮辱，自己的观点不管实际正确与否，都是对的。这两种人都有缺点，其中第二种人的缺点在于不能接受其他人的任何观点。这种人通常好胜心强，他们可能会说自己胸襟宽广、乐于接受意见，并以此自豪，但实际上只是为了强调他们特别的姿态。这种人难以接近，且很难与他们建立合作关系。

第五章　自卑感以及对认同的追求

一、童年早期的处境

毫无疑问，我们已经有充足的理由了解如下事实：那些从来没有得到过上天眷顾的孩子，与那些从小就享受快乐幸福的孩子相比，在人生态度、人际交往方面有截然不同的模式。天生有缺陷的孩子，从小就为了生存而进行艰苦的斗争，这几乎成了一条基本规律。这种斗争扼杀了他的社会感，因为他对自己与同伴之间的合作不感兴趣，却将全部精力用在了自己以及自己给他人留下的印象上。身体的缺陷，不仅仅让他自卑，还伴随着社会压力和经济负担，可能造成他以敌对的态度面对世界。在孩子幼年时代，这种决定性的因素便已经形成了。在2岁的时候，这类孩子就会感觉到，自己在竞争中往往不如其他孩子，即便是在普通游戏和娱乐活动中，他也总觉得信心不足。之前的艰辛经历让他产生自己被忽视的感觉，却又急切希望自己被关注。我们一定要牢牢记住：所有的孩子都处于不利的地位，很难独自生存，除非家庭能给他们提供某种程度的社会感。当看到那些柔弱无助的婴儿时，我们便能切实感受到，所有人在生命之初都伴随着或多或少的自卑感；所有的孩子都将明白，自己一个人是不可能应对生存的挑战的。这种自卑感促使孩子奋发向上，并决定孩子会采取什么方法获得人生的和平和安全，决定孩子会确立怎么样的目标以及将通过何种途径达到这种目标。

每个孩子都有独特的身体潜能，这决定了孩子的可塑性。但有两个因素会破坏这种可塑性：一个是夸张、强烈、持续的自卑感；一个是不仅想要安全、平静和社会平衡，还想掌控他人、控制环境。我们一眼就能认出有这样目标的孩子。他们总是觉得自己做的所有事情都是失败的，认为自己被上帝和他人忽视了，自己在被排挤，结果他们就变成了“问题儿童”。我们必须考虑所有的因素，才能理解走弯路、准备不充分等错误是孩子人生进程中不可避免的错误。每一个孩子都有可能走上歧路，每一个孩子也都将发现自己处于危险之中，只是迟早问题。

在成人身边长大的孩子，很容易产生自己太弱小、无法独立的感觉，这些孩子甚至不相信自己能不遇到任何问题就做好一些简单的工作，即使这些工作在别人看来他一定能好好完成，且非常简单。这就是大部分教育失误的原因，人们对孩子提出了超过其能力的要求，让孩子觉得自己无能为力，从而产生羞愧不已的感受；更过分的是，有些人故意让孩子感到自己的渺小和无能。还有一些成人，将孩子看成是玩具或会动的洋娃娃，或是小心管教的珍贵财产，又或者是毫无用处的废物。父母和大人们的这种态度，会让孩子产生两种感觉：要么讨大人喜欢，要么让他们讨厌。由父母产生的这种自卑感，还可能因为人类文明的一些特殊元素而加深。例如，对孩子不够重视，会让孩子觉得自己不重要、无足轻重，对大人们的生活没有发言权，必须恭恭敬敬、安安静静等。

很多孩子在成长的过程中，总是处于一种害怕被人嘲笑的恐惧中。嘲笑孩子会给孩子的心灵造成难以磨灭的影响，且决定他长大之后的习惯和行为，这几乎可以算得上是一种犯罪。很容易就能分辨出一个成人有没有这样的经历，因为有过这种经历的成年人无法摆脱再次被嘲笑的恐惧。

不重视孩子的另一种表现就是经常跟孩子说谎话。这样做很容易让孩子对身边的环境疑神疑鬼，而且还会质疑人生的严肃性和真实性。我们曾治疗过这样一类孩子，他们在学校总是莫名其妙地不断大笑。追问他们原因时，他们说学校不过是父母开的一个玩笑而已，没有必要严肃对待。

二、自卑感的补偿：追求认同和优越感

自卑感、欠缺感，以及不安全感，决定着一个人的生存目标。早在孩子刚出生的时候，其吸引父母的注意就显示了这种倾向。我们观察到，想要获得认同的强烈欲望被自卑感逐渐唤醒，个人的目标就是要获得优越感，并超越自己所处的环境。早在最初流露出的迹象中，已经显露出来一些细小的踪迹。

在追求优越感这一目标时，社会感的程度和质量起着重要的作用。无论孩子还是成人，想要对其做出正确评价，就必须将个人追求优越感的目标和社会感的强弱进行对比。确定目标后，目标的实现能确保他获得优越感，或者赋予其生命的意义，从而提升人格。正是这个目标使个人感觉到价值，整理并协调个人的感情，激发想象力，引导创造力，并决定个体应该记住什么、忘记什么。由此可见，感觉、情绪、感情、想象力等个人精神活动的要素的价值是相对的，甚至一直都在变化。这些元素受个人的奋斗目标影响，并掌控个人的真实想法。可以说，个人努力追求的终极目标，就隐藏在这些元素之中。

一般来说，我们会根据一个固定的点来确定方向，但这个点并不实际存在，是人们创造出来的，是虚拟的。之所以存在这一假设的点，是因为人们精神生活的不完善。这与其他学科所做出的假设类似，如为了给地球划分不同的区域，创造了并不存在但

却很有用的子午线这个概念。在治疗臆想症患者时，第一步就是要假定一个固定的点，哪怕进行深入研究之后发现这个点并不存在。之所以这样做是为了能在杂乱无章的混乱状态中确定方向，以便清楚了解各种相对价值。一旦确立了这个点，我们就可以以此为依据，对所有的感情和感觉进行分类。

由此，个体心理学建立了一套具有启发性的体系和方法，详细来说就是将人的行为看成是一个关系群，这个关系群建立在对特殊目标的追求中，其基础就是人类基本的遗传潜能。但研究表明，尽管个体努力追求某种目标是一种假设，但这种假设与实际情况有许多不谋而合之处，无论这些事实存在于意识中还是存在于无意识中。可以说，努力追求某种目标，即精神生活具有一定的目的，这不仅仅是哲学上的一种假设，还是真实存在的一个事实。

在人类社会文明中，追求权力可以说是最大的弊端。要阻止这个弊端的发展，最有效的方法是什么呢？还在婴儿阶段，人们就开始追逐权力了，但要和这么小的孩子沟通却非常困难。所以研究这个问题，可以说是困难重重。只有等孩子长大之后，改良、纠正等方法才能使用。但这个时候想要再次发展他的社会感、消除他对权力的追求，几乎不可能——就算和孩子生活在一起、朝夕相对。

还有一个困难就是，孩子对权力的追求并不会公开表现出来，而是隐藏在友情和柔情之中。他们为了隐藏自己的思想，会小心翼翼地遮掩。如果任由孩子追求权力而不加以束缚，便可能导致孩子精神退化。追求安全和权力如果超过了一定的限度，就可能把勇气变成鲁莽，服从变成懦弱，温情变成统治世界的阴险。最后，所有的自然感情都会被披上伪善的外衣，并把征服周围的一切作为最终目标。

教育影响孩子的手段之一，就是对孩子的不安全感进行有意或者无意的补偿。此外，还有如下手段：教会孩子生活的技巧，培养他经过训练的理解力以及与伙伴交往的社会感。所有这些措施，无论是出于什么原因，对于孩子摆脱成长期间的不安全感和自卑感都有好处。在这个过程中，我们必须以孩子展现出来的性格为依据，来判断孩子的精神活动，因为这些性格特征就如一面镜子一样反射他的精神活动。决定孩子不安全感和自卑感的标准是孩子对此的理解，而不是孩子在实际生活中的不利地位，尽管这种不利地位对孩子的精神状态极为重要。

无论孩子还是成年人，我们都不能期望其在各种处境中能正确判断自己，于是困难便产生了。孩子的成长环境错综复杂，一些孩子不可避免地会错误判断对自己不利的地位，一些孩子则看得比较清楚一些。从整体上看，孩子对自卑感的理解会随着时间的推移而改变，直到最后固定下来，作为孩子自我认知的一种形式，成为孩子一切行为中的自我评价常量。根据这个固定标准，孩子便能建立一种倾向，以弥补自己的自卑感。

为了缓解令人痛苦的自卑感，精神会尝试补偿机制，这种现象在有机界也存在。大家都知道，如果我们身体上的某个重要器官因为受伤而导致能力值下降到正常值以下，这个器官就会出现增生或功能强化现象。例如，当血液循环不通畅时，心脏似乎会集中所有的力量，以至于它会变得比普通心脏还大，还有力。同样，在自卑感的压迫下，或者觉得自己软弱无能时，精神也会不惜集中所有的力量，来战胜自卑情结。

当孩子的自卑感变得十分强大，以至于担心自己的软弱无法得到补偿时，危险便会不期而至。在寻求补偿时，孩子会以过度补偿为目标，寻求一种超乎寻常的平衡，而不是简单地只满足于恢复平衡，对权力的追求可能会发展到夸张或病态的程度，这时普通平凡的生活便无法满足这些人了。他们的行为变得夸张起来，正好迎合夸张的目标。对病态权力倾向进行的研究表明，那些付出比一般人多很多的人，在追求安全环境的过程中表现得更急迫、更缺乏耐心、更冲动，并且很少顾虑他人。这些孩子会因为具有夸张的行为和追逐掌控权的夸张目标而备受他人关注，他们竭尽全力保卫自己的生活，也会对他人的生活进行侵犯。总之，他们与整个世界矛盾不断，势不两立。

当然，这还不是最糟糕的情况。有些孩子在追求权力的过程中，并非有意想与社会发生直接冲突，他们的理想也完全正常。但如果仔细研究一下他们的活动和成就就会发现，这些孩子并没有为社会创造任何利益，他们的理想只关注他们自己的利益，毫不涉及他人的利益，而且这种自私的理想还经常成为他人成长道路上的绊脚石。随着时间的流逝，他们的人格会不断呈现出其他特征。就整个人类关系来说，这些特征越来越突出反社会特色。

骄傲、虚荣、不惜一切代价征服他人的欲望，是这些特征中最突出的。获得较高的社会地位、轻视他人，可以让人在征服他人的过程中获得满足。也就是说，想要满足一个人的征服欲，重点在于将这个人与其他人拉开距离。因为这种征服的态度，他无法体验人生的快乐，却因为不停地接触人生的阴暗面，以至于让周围的人都难以忍受，也让他本人不开心。

有些孩子为了保护自己对环境的影响力，拼命追求权力，但这种夸张的追求很容易迫使他们采用一种抵抗的态度来对待日常生活中的工作和职责。只需要将他们与标准的社会人相比较，就能很容易判定这类人的社会指数，也就是他们与其他人疏远的程度。如果我们能够敏锐洞察人性，且明白生理缺陷的重要性，自然就会明白心灵在发展的过程中肯定遭遇了阻碍，才会形成这种性格特征。

正常的心理发展可能会遭遇一些障碍，只要认识这些阻碍有多重要，就能真正理解人性。只要我们充分发挥自己的社会感，我们已经掌握的人性知识就能为别人提供帮助，而不是成为害人的工具。例如，有生理缺陷的人或者性格不好的人，可能很容易生气，但我们不应该责备他们，因为这本身不是他们的责任。我们不得不承认，他们绝对有权利表达自身的愤怒。另外，我们还应意识到，因为没有采取措施及时阻止这些悲剧的产生，我们对这些人的处境也负有一定的责任。如果能坚持以上的立场，最终我们将改善现有的状态。

对这类人，我们不应认为他们是无耻之徒，是没有前途、不值得尊敬的废物，而是应该将他们当成我们的同胞，为他们创造一种平等的氛围。试想当你看见一个有明显生理缺陷的人时，会感觉多么不愉快。对那些有生理缺陷的人采取什么态度，其实是一个很好的衡量尺度，能让我们了解应当具备什么样的教养，才能获得公正的社会价值感和真挚的社会感；还能让我们判定，这种人能为人类文明发挥怎样的作用。

生来就有生理缺陷的人，从一开始便承受了过重的生活压力，因此他们喜欢用悲观的态度看待人生中的所有问题。还有一些孩子，并没有太大的生理缺陷，但受制于这样或那样的问题，也变得非常自卑，从而产生悲观情绪。在成长的过程中，如果孩子接受过于严苛的教育，就可能造成这样的不幸后果。孩子小时候受到的伤害会在他们心里留下痕迹，无法抹去，他们当时遭遇的冷漠会妨碍他们与别人的沟通，他们会认为自己生活在一个没有爱心的世界，缺少感情，这个世界没有任何共同点，且无法沟通。

例如，有一位让我们印象深刻的病人，他不断强调自己拥有很强的责任感，他的所有行为都非常重要。他和他的妻子生活在一起，但是两人的关系非常恶劣。生活中每一件事情，哪怕是头发粗细这样的小事，都能让二人发生争执，彼此都想战胜对方。不断的争执、吵闹和辱骂让夫妻二人的关系疏远了。丈夫仅存的那点对同类的社会感，也被他所追求的优越感扼杀了，至少对他的妻子和朋友来说是这样的。

从他的叙述中，我们了解到在17岁之前，他的身体并没有发育好，声音像个小男孩，没有胡须和体毛，而且是学校个子最矮的几个学生之一。今年他36岁，从外表看很有男子汉气概，造物主已经帮他弥补了之前的不足，完成了17岁之前没有做的事情。但是，在长达8年的时间里，他一直承受着发育缓慢带来的痛苦，并且认为自己将一直停留在“孩子”阶段，因为他完全不能确定造物主是否会对他的发育缓慢做出补偿。

他的性格特征，早在那个时候就已经初露端倪了，他经常摆出高傲自大的样子，好像自己的所有行为都非常重要似的。他的一举一动都是为了获得他人的关注，随着时间的推移，他逐渐养成了现在这样的性格。结婚后，他一直致力于给妻子留下一个印象，即相比于妻子想象中的他，真实的他更重要，更了不起。但妻子却总是向他证明，他的自我评价名不副实。在这种状况下，两人的婚姻根本无法获得良好的发展。其实，在他们订婚时就已经出现了婚姻破裂的迹象，最后他们的婚姻在一场家庭动乱中结束了。婚姻的破裂让他伤痕累累，自尊心受到严重的打击，所以他来求医。对于这个病人，想要治愈，首先得在医生的建议下学习一些人性的知识，学会正确评价他在生活中犯下的错误，并认识到他对自己不利地位的错误判断，已经对他的整个人生造成了严重的影响。

三、生命曲线图与宇宙观

对上述病例的论述，最简洁的方法就是证明童年经历与病人现实病症之间的关系，可以用两点一线的数学公式的曲线图来直接表示。我们据此成功描绘了许多病人的生命曲线图，即精神轨迹曲线图，该曲线表示的是一个从幼年时代就开始遵循的行为模式。个体的所有运动都遵循这种曲线。也许有些读者可能会有这样的想法，即过度简化人的生命，是对人类生命的漠视。还有些读者可能会觉得我们否认人是自己生活的主宰这一观点，因而也认为我们在否认人的自我意志和判断。就自由意志而言，这一指责是正确的。事实上，这种行为模式的最终形式可能会出现一些细小的变化，但其实质内容、精神、意义从一开始就不会发生改变。因此，我们据此判断这种行为模式是一种确定元素，就算成人之后的环境可能会有所改变。在研究过程中，务必要先找出最早的儿时经历，因为幼年时代留下的印象不但能指出孩子的发展方向，还预测了他在面对未来的人生挑战时会做出什么样的应对。孩子在婴儿阶段感受到的特殊压力，必定影响他的人生态度，并从根本上决定他的人生观和世界观，因为孩子在应对人生挑战时，会调动他已经成型的潜在的心理能力。

我们认为，一个人的人生态度从婴儿时期开始便会一直保持不变，虽然这种态度在以后的生活中会有各种各样的表现方式。所以，为孩子创造一个让他不会对人生产生错误认识的环境，就显得很重要。成长期间，孩子的体力和抵抗能力是重要元素，同等重要的还有他的社会地位以及负责教育他的那个人所具有的性格特征。刚出生的时候，孩子对生活做出的反应是无意识的、条件反射式的；之后的生活中，孩子会根据特殊的目的而采用不同的方式回应。也就是说，刚出生的孩子是本能决定喜怒哀乐，但后来他会获得避开和战胜这些原始欲望的能力。通常来说，这种变化常开始于孩子刚刚有自我意识的时候，大致是他开始学会说“我”的时候。孩子刚好在这段时期意识到，自己与周围的环境有一定的固定联系。这种联系绝对不会让人保持中立，因为它总是强迫孩子以自己的世界观、自身对幸福和完美的理解为依据，采用不同的态度调节自身的各种关系。

回想一下之前我们对人类精神生活的目的性进行的探讨，就能让我们清楚地认识到，人类行为模式是一个完整的统一体，坚不可摧是它的一个特性。不断有实验证明，所有人都是完整人格的统一体，就算那些表面看起来好像有完全相反的分裂性精神倾向的病人也不例外。比如，有些孩子在学校和家里表现截然不同；有些成年人具有十分矛盾的性格特征，往往给人神秘莫测的感觉；还有一些表面上看两人的举止和表现好像没有什么差别，但仔细观察他们潜在的行为模式，就会发现他们实际上很不一样。也就是说，当两个人在做同一件事情的时候，实际上两个人可能做的是迥然不同的两件事情；而当两个人所做的事情表面上看不一样时，他们其实可能在做相同的事情。

由于可能存在多种意义，我们绝不能把精神生活的表现当成是独立的现象，恰恰相反，应该以上述表现所指向的相同目标作为依据，来判断其意义。想要了解某种现象的实质意义，只有了解它在个人整个人生中的全部价值才能实现。只有承认了个人的一切表现都属于相同的行为模式这一规则，我们才能了解个人的精神生活。

当我们能够了解人类的一切行为都是基于对某一目标的追求，了解到这些行为自始至终都受到目标和行为的约束，那我们就能明白自己最容易在哪里犯错误。之所以犯错误是因为我们每个人都以自己独有的生活方式为依据，并在用自身的成功经验和精神财富时对这种生活方式起了强化作用。因为在一般情况下，我们只能单纯地接纳、转换和吸收那些来自意识或无意识的感受，而对任何事情都不加判断、检验。只有科学才能够说明、揭露、改善这一行为模式。在此，我们就用一个例子来概括以上观点，并用已经掌握的个体心理学理论分析、阐释每种现象。

有一位年轻的女病人，抱怨自己对生活有着无法抑制的不满，并且表示之所以不满是因为她终日为处理各种各样的杂乱事务而忙碌不堪。表面上看，这个女性性格暴躁，因为她的眼睛不停转动，看起来十分烦躁。她还抱怨，即便是做一件很简单的工作，她也会担忧、焦虑。从她的家人和朋友那里我们得知，她把一切都看得非常重要，并且她还有繁重的工作要做，似乎快要被压垮了。她给我们留下的总体印象是，她太认真了，和许多人一样。她家人对她的评价验证了这个说法："她总是小题大做，忧心忡忡，但其实是瞎操心。"

想象一下，把一切简单的工作都看得特别难、特别重，这种行为会给周围的人留下什么样的印象？显而易见，大家肯定会觉得，这是当事人提出的一种恳求：请求不要再给她强行安排其他工作了，因为她连基本的工作都难以承担。

对于这位女病人的个性，我们了解不多，所以鼓励她多讲讲自己的情况。诊疗期间，我们必须旁敲侧击，无微不至，不尝试支配病人，以免激起她的防范心理。只要赢得她的信任，能够继续和她沟通下去，我们就能得出结论，即她的一生只关注一个目标。这位病人的行为表明，她在试图向某个人（很可能是她的丈夫）证明她没有力量承担任何义务或责任，她应该得到温柔的对待和细心的照顾。我们甚至可以进一步推测，她的这种要求应该已经在之前的某一个时间段就开始了。我们的猜测得到了她的证实。她表示很多年前，她有一段时间非常渴望温情。这样，我们对她的行为有了更加明确的了解，她的这种做法就是在强化她渴望体贴关心的结果。不知道什么原因，她对关怀的渴望并没有得到满足，现在她要阻止这种情况再次发生。

她还讲了一些事情，进一步证实了我们的推测。她说她有一位朋友，这位朋友在很多事情上和她截然不同，但也有一个不幸的婚姻，并希望从中逃离出来。有一次，她去见这位朋友，看见这位朋友拿着书站在那里，语气厌烦地对她丈夫说，她真的没有兴趣做午饭了。这让她的丈夫大为恼火，极其愤怒地抨击了她的全部人格。我们这位病人是这样看待这件事情的："这件事总让我觉得我自己的处理方式要好得多。没有人会这样指责我，因为我每天都非常忙。我一直有很多事情要做，所以在我家如果我午饭没有做好，谁也不会指责我。既然这样，我又怎么会舍得放弃这种方式呢？"

我们心知肚明她在想些什么。为了获得一定的优越感，她试图用一种不怎么得罪人的方式；为了避免受到别人的指责，她想通过不停祈求温情的方式。既然这种方式很有效，她自然舍不得放弃不用，况且她的行为中还隐藏着其他含义。她对温情的渴望不会停止，这也是她控制他人的一种方式，但随之而来的必然是矛盾重重。例如，要是家里什么东西找不到了，她一定会无中生有将事情变大。她还会因为忙碌而头疼病发作，夜里也无法安睡，只有一切都掌控在手中时，她才安心。倘若是接到别人的邀请，她一定会做大量的准备工作，因为这在她看来是非常重要的事情。既然微不足道的事情在她看来都非同寻常，那到别人家里做客更是一件重要的事情了，她通常要花费几小时甚至几天的时间做准备。由此我们可以猜想，她要么因为不能去而道歉，要么一定会迟到。总之，这种人的社会感是非常缺乏的。

在婚姻关系中，对温情的渴望会揭示出大量的问题。例如，丈夫因公出差，或独自拜访他人，或者不得不参加一些必须参加的聚会。这个时候，妻子独自在家，难道不会对夫妻关系造成破坏吗？我们最直接的反应是，婚姻中丈夫应该尽力留在家中，实情也多半这样。从某种程度上来讲，这似乎是一件柔情蜜意的事情，但对丈夫来说，却可能忍无可忍，除非他无所事事。这种情况肯定会导致不和谐。在我们的病例中，不和谐很快就表现了出来：丈夫偶尔为了不打扰妻子，很晚才上床睡觉，却发现妻子并没有睡着，反而带着责备的神情看着他。

众所周知的类似情况，我们没必要描述，但我们也不能忽视一个事实，就是很多男人也有我们讨论的小毛病，这并非女性独有。对温情的要求可能会以不同的方式表现出来，这才是我们阐述的重点。在这个案例中，如果有时候丈夫不得不晚点回家，妻子便会对他说，他可以不用早点回家，因为平时的社交活动并没有那么多。她是真心的，虽然是用开玩笑的口气说的。这看起来好像否定了之前我们对这个病人的看法，但仔细观察就会发现，其中有着必然的关联。这位妻子很聪明，并没有严苛地约束自己的丈夫；她长相迷人，性格没有其他缺陷，我们只对她的心理活动感兴趣。她对她丈夫说的那番话，其实是想表示决定权在她手中。在她的允许下，丈夫可以晚点回家；但如果丈夫晚点回家没有得到她的允许，她就会觉得自己受到了很大的伤害和蔑视。她的这番话给这件事蒙上了面纱，变得模糊不清。在夫妻关系中，她是发号施令的一方。即便是干工作或进行其他社交性活动，她的丈夫也得服从她的意志和心愿。

如果我们把她对柔情的渴望和我们的发现——即只有完全掌控全局的情况下她才会安心——联系起来，就会了解在她的人生中，绝不屈居于从属地位这一目标一直在鼓励着她。她总想掌控支配权，不希望自己的安全地位受到威胁，不管什么时候，她都要成为她生活圈子里的核心。这种举止，在她处理任何事情时我们都能发现。例如，她要找一位新的女佣，但却表现得很紧张，担心自己不能掌控这名新的女佣，就像控制之前的那位女佣一样。又如，她准备外出散步，同样紧张不已，因为她将离开自己掌控的势力范围，即将走进外面的世界，在路上行走。在那里，没有一样东西是她可以掌控的，她得避开所有的车，变成绝对的服从者。如果大家了解她在家是如何的专横跋扈，就能清楚地知道她紧张焦虑的原因所在了。

这种性格可能总是以快乐的方式表现出来，以至于我们从表面上绝对想不到这个人正承受着巨大的心理痛苦，甚至会痛苦到极端的程度。想象一下那些被夸张、被放大的紧张吧。有一些人会因为在公交车上不能随意行动而害怕坐公交车，如果这种情况继续发展下去，这些人到最后可能无法走出家门。

在这位病人身上，我们还能发现童年时期的印象对个人人生造成的影响，并受其启发。从这个病人本身的角度来看，她的做法完全正确。如果一个人的态度和整个人生都在追求温暖、尊重、荣誉和温情，一往无前，那能达到这个目标，还算得上是好办法的，就只有一个了，即表现出一副身心憔悴的样子，或者难以忍受重压的样子。这个办法可以避开所有的责备，并能让周围的环境温柔对待自己，还可以避免所有可能会对精神平衡造成的破坏。这是其他方法不能做到的。

回顾一下这位病人的成长经历，我们便了解到，她还在学生时代就已经采用这种方法了。每当她不能按时完成作业时，她就变得异常紧张和激动，以便让老师能够温和地对待她。她还表示，她是家里的老大，还有一个弟弟和一个妹妹。因为弟弟在家里最受宠，所以她经常和弟弟发生矛盾。更让她生气的是，大家对弟弟的学习很重视，却并不看重她这个学习成绩更优秀的学生。最后，她受不了了，整天抱怨为什么自己成绩很好，却得不到公平的对待。

由此可见，这个小女孩一直在努力追求平等，并从很小的时候就有了自卑感，同时也努力克服这种自卑感。可是，她优异的成绩并不能弥补她的自卑感，于是为了打败弟弟，她变成了一位成绩很差的坏学生。这显然不是一件光彩的事情，但这样能帮助她吸引父母更多的关注，因此她并不觉得这样做有什么问题，她觉得这样合情合理，却显出了她的幼稚。她的一些小把戏一看就是有意为之的，因为她明确表示，当时她想当一名差生。

但是，她的成绩并没有被父母放在心上，反而又出现了一件有趣的事情，即一个新的角色，她的妹妹，成绩突然有了很大的进步。这个妹妹本来成绩不好，但母亲对她的关注丝毫不比弟弟少。因为这个妹妹不但成绩差，品格也不好，但我们这位病人却仅仅是成绩差。这样一来，母亲自然就更加注意品格和成绩都很糟糕的妹妹。这很容易理解，相比仅仅学习成绩差而言，品行恶劣肯定会造成更严重的效果，引发更大的危险，因此父母不得不将更多的精力投放在这类孩子身上。

就这样，这场争取平等的斗争暂时失败了，但没有人能够忍受这样的处境，所以一次失败并不代表战争的终止。从那以后，她会不停地有新行动和新倾向，而所有的这些对于她性格的形成都有某种推动作用。现在，我们对于她那种将小事变大、时刻忙碌、渴望大家看到她疲于奔命的状态的原因，有了更加深切的体会。实际上，这些在最初是做给她的父母看的，目的是想让她的父母能够像对待弟弟妹妹一样对待她；同时，这也是在谴责父母对其他人比对她好。她的基本态度就是在那个时候形成的，并一直保持至今。

我们还可以沿着她的人生轨迹了解她更早的生活。幼年时代的一件事给她留下了深刻的印象。当时，小弟弟刚刚出生，她就想用木头打他。幸好她妈妈小心地看护弟弟，才没有酿成大错。那个时候，她才3岁，就已经意识到，因为自己是个女孩，就注定遭受冷落。她清楚地记得，她无数次希望自己变成男孩。弟弟的出生，剥夺了她本该享受的温暖和舒适，这让她觉得自己受到了不公平的待遇，因为弟弟凭借男孩的身份受到的待遇比她好多了。在努力弥补的过程中，她偶然发现一个方法，就是装出不堪重负的样子以获得大家的关注。

这种模式已经深深根植于她的灵魂中，我们通过解析她的一个梦，来证实这一点。她梦到自己在家里和丈夫说话，但丈夫看起来却像一个女人。这个细节是她为自己的一切经历与关系所做出的行为模式的一种象征。这个梦意味着她在与丈夫的关系中获得了平等，丈夫变成了女人，不再是像她弟弟那样占据优势地位的人。夫妻之间不再有高低之分，这个是她从小就渴望得到的，现在在梦里获得了满足。

我们就此成功连接起了一个人精神生活中的两个点，并发现了她的生活方式、人生曲线图，以及行为模式，在这个基础上，我们便可以得到一个完整的形象：案例中这个扮演强硬角色的女性，采用的却是温柔的方法。

第六章 人生准备

个体心理学有一个基本原理，即将心灵的所有表现都看成是为了实现某个目标所做的准备。我们从前面描绘的各种心灵活动中可以看出，个人为了实现所有的愿望，为了梦想中的未来，一直在坚持不懈地做准备。每个人都有这样的经验，这是人类的一个普遍经验。在各种神话、传说或英雄传奇中，总会提到人们为了那个美妙的天堂而做出努力。在一切宗教信仰中，都存在天堂，这一信念同样反映了人们期待未来，坚信一切难题都能得到解决。教义中灵魂不死、转世投胎之类的内容，同样充分显示了人们相信灵魂会获得新生。人们之所以创造了那么多美妙的童话，并喜爱童话，原因就在于人类一直对未来充满期待。

一、游戏

游戏作为孩子生活中的重要现象，非常明确地展示了孩子是如何为未来做准备的。我们不能将游戏看成是父母、老师带着孩子随便玩耍，而应该把它当成教育的辅助方式，是推动孩子的心灵、想象和生存技巧的刺激因素。由于每一种游戏中隐含的为未来所做的准备，孩子对待身边环境的态度、与环境的关系、与人交往的方式，都在他对游戏的态度、他做出的选择，以及他有多看重游戏中表现出来了。孩子在玩游戏时态度是友好还是敌对，特别是他想不想当领导者，都完全暴露了出来。即只要认真观察孩子在游戏中是如何表现的，我们就能清楚了解孩子的人生态度。这说明，对于任何孩子来说，游戏的重要性无可比拟。教育学教授格罗斯首先提出，孩子做游戏是在为人生做准备，而且他在动物的游戏中，也发现了同样的现象。

不过，游戏的意义并不只是为人生做准备，它还有另外一项重要的特征，即它还是一种展现、完善孩子社会感的社会锻炼。一般来说，如果有一个孩子不喜欢游戏，不喜欢和别人一起玩，人们通常会觉得这个孩子缺乏适应社会的能力。这种孩子通常不会主动要求参与一种游戏，就算有机会和大家一起玩，也常常坏了大家的兴致。之所以如此，是因为他极度自负、自尊的性格。这种性格导致他对自己在游戏中能不能表现好、会不会丢人现眼过度担心。于是，为避免别人发现自身的缺陷，他索性拒绝参加一切游戏。总之，通过观察孩子在游戏中的表现，我们便能清楚地判断他到底具有多少社会感。

在游戏中追逐优越感，是其中一个不可忽视的元素。游戏中，很多孩子都希望能当领导者、指挥者，这一点充分证明了孩子在极力追求优越感。观察孩子是不是喜欢占据统治地位，是不是热衷于表现自己，可以确定孩子对优越感的渴望程度。在孩子的游戏中包含着重要的三大元素，即为人生做准备、社会感，以及对优越感的追求，所有的游戏最低限度也会包含其中一个。

当然，游戏中还包含不少其他要素，例如，孩子在做游戏时可能会表现出某些天赋才能。基本所有的孩子都能在游戏中找到自己的位置，并能在与同伴的交流中激发自己的许多潜能。有些游戏重点突出了孩子的创造性表现，站在为人生做准备的角度来看，这些游戏能锻炼孩子的创新精神，十分有利于孩子的发展。例如，很多人在孩提时代玩过给洋娃娃缝衣服的游戏，长大后他们便成了裁缝。

游戏与心灵的成长密不可分。孩子在玩游戏时，如果受到干扰，一定会对孩子造成不良的影响。还有，我们不能将游戏单纯地看成是打发时间的一种方式，因为孩子在做游戏时是为人生做准备，所有的孩子都能在游戏中展现出成年后的一些特征。这说明在评价一个人的时候，如果能对这个人童年时期的生活有所了解，那便能更轻易地得出比较公正的结论。

二、注意力集中与不集中

注意力集中是心灵活动的一个重要特征，也是人类一切才能中相当引人注目的才能。当我们借助感官集中精神探寻身体内部或外部的某个特定事实时，我们便会产生一种特别的紧张感。这种紧张感不会蔓延整个身体，只局限于眼睛之类的特定器官。精力集中于某件事时所形成的紧张感受，类似于准备行动或马上就要行动的感受。比如，当我们紧盯着某一目标时，双眼便会产生这种特别的紧张感。

注意力集中会引发心灵某个角落或运动组织中某一部位的紧张感，同时其他部位的紧张感便会被忽视。注意力集中对心灵来说，代表了一种态度，即人们愿意跟某种确定的事实建立密切而直接的联系；另外也相当于心灵在积极准备，满足自身需求，也就是说在某种非常状况下，我们需要集中自身所有的意志。

除了生病、智障的人，任何人都能做到集中注意力，但为什么还是有很多人难以做到呢？原因有很多，如第一，集中精神时，会受到疾病、疲倦的阻碍。第二，部分人因为集中注意力的对象违背了他们的行为模式，且他们不感兴趣，所以不愿集中精力；这种人的注意力和他们的生活方式密切相关，当遇到他们感兴趣的事情时，他们的注意力马上被唤醒。第三，就是抗拒倾向，孩子很容易出现这个问题。有这个问题的孩子，他们经常会拒绝提供给他们的每一样东西。只有乐观、宽容才能让他们集中注意力，所以一定要先让孩子放弃抗拒。具体来说，就是教育者和教育机构要让孩子心甘情愿接受教育，在这种孩子必须学习的知识与孩子的行为模式之间建立联系，同时让这些知识成为孩子生活中必不可少的组成部分，也就是要有实用价值。

对自己以及自身之外的事情，有些人既能看到、听到，也能感觉到，但有些人却只能借助眼睛去探究人生，有些人只能运用听力去感受所有事情。还有一些人，他们感知事物的感官还没有受到刺激，对视觉性的东西不感兴趣，看不见任何事情，也无法留意任何事物，就算是在他们很感兴趣的环境中，他们也很难集中注意力。

唤醒注意力的关键元素之一，是对世界怀有真正的、真诚的兴趣。从精神层面来说，相比注意力，兴趣要深刻得多，它是注意力的基石。兴趣会让人不由自主地去留意，只要孩子有兴趣，教育者就不用担心他不能集中注意力。作为一种工具，兴趣有效且便利。只要人们一旦有了兴趣，就能目标清晰、集中精力投身于某个专业领域。不过，所有人都可能在培养兴趣、实践兴趣的时候犯下错误。如果一个人养成了某种错误的兴趣，就会将精力集中在对他的人生不太重要的事情上。例如，一个人对自己的身体或权力感兴趣，那只要涉及这种兴趣，或者需要争取什么东西，或者他的权力受到了威胁，他一定会将自己的全部精力集中在此。除非有其他新的兴趣取而代之，否则他将一直专注于此。在日常生活中，有一种情况非常常见，即当孩子发现自己没有人关注，发现自己的重要性开始减弱时，孩子马上就会集中注意力；而一旦他觉得某件事无所谓，他的注意力立马就会转移。

注意力不集中，只能表明这个人对此不感兴趣并想摆脱这种情境，不能表明他缺少专注的能力。实际上，他很专注，只不过他的注意力只集中在别的事情上。与这个情况类似的还有缺乏毅力和活力。这种人总是在一些没有什么意义的事情上，投入顽强的意志和执着的精神。由此可见，这种人的关键症结在于他追求的是另外一种目标，和我们通常预期的不一样。要想改善这种情况并不容易，除非彻底改变他的整个生活方式。

注意力不集中，可能会发展为一种固定的性格特征，永远不再发生改变，这种情况非常普遍。例如，总有一些人被安排从事一些自己不喜欢的工作，结果他们选择偷工减料、应付了事，或者甩手不干，最终不可避免地成为大家的负担。在这些人身上，注意力不集中已经成为永久的习惯和性格特征，这种性格在他们做事情的时候就会自然地表现出来。

三、过失犯罪和健忘

一般来说，如果某人因为偶尔的粗心，没有采取必要的防范措施，从而导致他人的安全或身体健康受到威胁，我们就称这个人为“过失犯罪”。过失犯罪的根源就在于注意力不集中，当事人只关注自身，对其他人缺乏兴趣。只要看看孩子在玩游戏时是否常常粗心大意，就能很轻易地判断他是只为自己考虑，还是会替别人着想。判断一个人是否具有公共意识和社会感，标准就是看他是否关心他人。社会感发展不充分的人，是很难对其他人感兴趣的，就算因此受到惩罚，他也依然如故。而一个具有强烈社会感和公共意识的人，他会很自然地将自己的注意力更多地放在其他人身上。因此我们可以得出结论，即一般来说，过失犯罪和缺乏社会感基本上是一回事。所以，就算某人因为粗心大意而犯罪，我们也不应该一味批评他，而是要心怀宽容，并找出他不能关心他人、满足他人期望的原因。

一般来说，注意力不集中的人，也很健忘。在日常生活中，大家可能都有这样的经历，如果有一天心不在焉，一定会忘事。有一些人虽然对某事有着强烈的兴趣，但是因为心情很低落，导致记忆力下降。例如，有的孩子总是忘记带书本，可能并不是因为他们对学习不感兴趣，而是因为他们还没有完全适应学校生活，或者学校生活让他们感到紧张和不愉快。但是常常丢失钥匙的家庭主妇就不是这么回事了，她们之所以健忘是因为她们对家庭主妇这项工作毫无兴趣。记忆力不好的人往往对自己正在从事的工作缺乏兴趣，尽管他们不想公开表示，但他们的健忘行为却暴露了这一点。

四、无意识

我们经常会看到一些人不能意识到自己心理活动的意义，就算注意力集中的人也很难说清楚自己为什么能在瞬间看清楚眼前的一切。这说明，某种心理机制在意识领域中，我们是无法找到的。虽然我们可以有意识地强迫自己在一定程度上集中注意力，但真正激发注意力的是绝大多数属于无意识的兴趣，而不是意识。从广义上来说，无意识也属于心灵活动，而且还是关键的心灵元素。我们通常能在一个人的无意识里探寻出这个人内在的行为模式；而我们在他的意识中，所能看到的往往是与这个行为模式相反的东西。例如，一个爱慕虚荣的女性，正是因为想向别人证实自己是多么朴实、端庄，才出现爱慕虚荣的表现，而她自己却对自己爱慕虚荣的表现没有正确的认识。世人已经达成一种共识，即爱慕虚荣是一种愚蠢的品质。因此，站在这位女子的角度来说，意识到自己是爱慕虚荣的人，对她来说没有任何好处。因为一旦她意识到自己是个虚荣的人，想要继续保持这种明目张胆的虚荣或者愚蠢，就不可能了。所以，一个人想要获得超强的安全感，只需要将注意力集中在一些无关痛痒的事情上就可以了，即对自己爱慕虚荣的表现完全无视。这一连串的心理活动自然都发生在不知不觉中，是无意识的。如果你想要和一个虚荣的人聊天探讨虚荣，你会发现这个话题根本无法继续，因为此人害怕自己受伤，总是含糊其词，或改变话题。不过，这种态度却让我们更加确定，他之所以如此警惕，其实就是担心自己的真面目被揭露出来，而他想继续做一个爱慕虚荣的人。

以对自己无意识的了解程度为依据，人大致可以分为两类：一类是对自身无意识活动了解水平超出平均程度的，另一类是对自身无意识活动了解水平低于平均程度的。许多病例显示，第一类人的活动范围比较大，对一切事情和人物都充满兴趣；第二类人的活动范围则比较小，认为生活太累、做人很无奈，往往见识短浅，生活在一个狭小的圈子里，并很满足。他们不能理智、透彻地观察人生，像那些懂得生活规则的人一样。这种人往往没有多少知心朋友，对生活兴趣有限，唯恐生活圈子太大，自己无法控制整个局面，所以很难理解生活中的美好东西，只能感受生活中那些没有意义的细枝末节。

很多个人的经历显示，一个人之所以对自己生活能力的强弱看不清楚，是因为他对自己的价值评价过低，并且不能清楚认识到自己的缺点。他可能觉得自己很善良，但其实他不管做什么事情，都是为了自己。相反，他可能觉得自己很自私，但仔细观察就会发现，他实际上很善良。说到底，你对自己的评价与他人对你的评价都不重要，重点是你对人类社会的态度，因为你的一切心愿、兴趣、做法都是由这个态度决定的。

接下来我们继续讨论两类人：第一类人更有主见，他们用客观、理智的态度去对待人生的种种问题，不会表现得漫无目的。第二类人只能看见人生中的一小部分，常常采用偏执而缺乏理性的方式来处理所面对的种种问题，他们的言行大多被无意识控制。这两类人如果生活在一起的话，估计很难和平共处，他们谁也不会让步，彼此对立。在日常生活中，这两类人以及他们彼此对立的情境很常见。每一方都觉得自己是正确的，另一方完全不可理喻。他们会罗列出种种证据，来证明自己是多么希望能和大家和睦共处。但事实却并非如此，尽管他们说的每一句话听起来都是那么诚恳和光明正大，但实际上却都是对另一方的反对和拐弯抹角的攻击。更加深入的观察表明，在日常生活中，这两类人都抱着一种敌对、好战的态度。

有些时候，人会爆发出一些超出自己想象的力量，会对人们的生活产生一定的影响，甚至造成严重的后果，尽管这些力量都隐藏在无意识之中。陀思妥耶夫斯基在他的小说《白痴》中，曾用他让后来的心理学家叹为观止的精彩文笔，描述了这样一件事情：在一次聚会上，一名贵妇人用嘲讽的语气提醒小说的主人公公爵，千万小心不要把身边的昂贵的中国花瓶碰倒摔碎。公爵承诺自己会小心的，但几分钟后，花瓶却倒在地上摔了个粉碎。在场的每一个人都觉得这不过是意外事件，但这在公爵看来是很正常的，因为他觉得那位贵妇侮辱了他。

在了解一个人的时候，不能只通过他有意识的行为和表现，还要注意他身上的细枝末节。这些连他本人都没有意识到的小细节，恰恰是了解一个人极好的依据，能帮助我们看清他真正的性格。例如，有的人喜欢咬指甲或挖鼻孔，他并不了解这个不雅的习惯是什么时候形成的，也根本没有想过这个行为其实暴露出他是性格倔强的人。为什么会这样说呢？原因很简单，因为如果孩子有这样的习惯，大人一定会不断批评他，监督他直到他改正这个坏毛病；但如果屡次教训后他还没有改正，显然这就表示他是个冥顽不灵的人。那些经验丰富的人，通过观察就能从这些不起眼的小细节中，深入而全面地了解一个人。

心灵能够支配意识，即凡对心灵而言是重要的东西，心灵都会把它保留在意识层面；心灵还会把一些东西保留在无意识中，或者把它变成无意识，以维护个体的行为模式。下面我们通过两个病例来说明，将无意识的事物保存在无意识中，非常有利于减轻一个人的精神压力。

第一个病例是一位在家排行老大的年轻男子，他有一个妹妹。在他10岁那年，他的母亲去世了，从此教育两个孩子的责任便由父亲来承担。父亲是一位聪明且心地善良的人，还有很强烈的道德感，他努力鼓励儿子要有远大的抱负，并坚持为实现理想而奋斗。男孩也很争气，不但学习成绩名列前茅，道德修养、科学素养等方面也遥遥领先。父亲对儿子的这种表现感到非常欣慰，因为他本来就一直希望儿子能成为一位优秀的人。

与此同时，这个年轻人也暴露出让他父亲很担心的性格特征，为了帮助他纠正这些问题，父亲倾尽全力，但是效果并不明显。妹妹也开始长大了，他们之间的竞争越来越厉害。妹妹本来也能力出众，但她总是靠着自己的柔弱来获取胜利，更喜欢通过打击哥哥来显示自己的重要性。例如，妹妹很擅长做家务，在这方面哥哥完全不是她的对手，尽管哥哥在其他方面能够轻而易举地获得成功，但作为一个男孩，他很难在做家务事这方面获得同样的成就。随着儿子青春期的到来，父亲注意到儿子在社交方面表现很不正常。事实上，他根本就没有任何社交活动。他对所有新认识的人都抱有敌意，尤其是新认识的女孩，他更是唯恐避之不及。刚开始父亲并没有觉得这是什么大问题，但其实非常糟糕。渐渐地，儿子发展到几乎不出门的程度，除了晚上，他讨厌在任何时间出去散步。他的生活越来越封闭，最终连以前的老朋友都不再见面。不过，他在学校、在父亲面前，仍然表现得非常完美，和以前没有什么区别。

在事态发展到他无论如何都不出门的时候，父亲不得不带他去看医生。医生经过几次观察，终于找到了问题的症结。这个男孩觉得自己的耳朵很小，实在太丑了，怕别人笑话他。可事实上并非如此。医生告诉他，他的耳朵和其他男孩的相比，没有什么两样。他之所以有这样的想法，完全是因为他想借着这个说法来躲避他人。后来，他又抱怨说牙齿和头发也很丑。很显然，这些也只是他的托词而已。他为什么会用耳朵小等这样幼稚的借口呢？因为如果这些理由站得住脚，那他这样小心翼翼，甚至情绪紧张就是有理由的。众所周知，容貌丑陋的人，在社会中必然会遭遇到比其他人更严重的困境。

不难看出，这个男孩是个有雄心壮志的人，他自己也很清楚这一点，并觉得这全是他父亲对他教育的结果，因为父亲自始至终一直在鼓励他为自己的理想奋斗，勇登高峰。这个男孩的远大理想，就是成为一名伟大的科学家。这个理想本身没有问题，但如果他是为了逃避每个人都应该履行的社会责任而树立这个理想的，那就有问题了。

更加深入的观察表明，这个男孩其实一直在追求一个非常远大的目标。之前他一直是班上第一名，并希望能保持这个优势。为了实现这个目标，他觉得他必须要具备专心致志、勤奋努力的优良品质。不过，他觉得这还不够，他还想排除一切和学习无关的事情。他的这种想法可以概括成一句话："想要获得名誉、投身科学，就要抛弃一切可有可无的社会关系。"

但事实上，他并没有这样说，也没有这样想，相反，他说自己相貌丑陋，试图利用这个幼稚的借口来实现自己的目标。由于这个借口让他能理所当然地做自己想做的事情，因此这个借口在他的计划中显得非常重要。为了继续追求自己隐藏在心底的目标，他现在需要做的就是坚持自己的说法，夸大自己容貌的丑陋。假如他公开表示自己想像苦行僧一样，离群索居，以便达到自己永居第一的目标，那么大家一定能一眼就看穿他的想法。这说明在意识层次中，他并没有觉察到自己的这个目标，即想要扮演出类拔萃的关键角色，但在无意识中，他已经树立起了这样的目标。

他从未想过要为了实现这个目标而孤注一掷、奉献所有。就算他想这样做，他也不敢公开表示，为了成为一名科学伟人，愿意将生命中的一切都放弃，因为他还不能确定自己是否最终能够获得成功。如果用相貌丑陋来作为借口，以避免参加社交，那在实现这个目标上，他更有信心。此外，公开表示自己想永远占据第一，出类拔萃，并因此放弃一切社交以达到这个目的的人，是会被大家笑话的。这在大家看来，是一个想都不敢想的恐怖念头。大家都知道，有一些想法是不能公开的，为了自己，也为了影响。所以，这个男孩只能在无意识中隐藏他的人生理想。

如果我们现在就告诉这个年轻人他的主要人生目标是什么，并指明他是因为害怕破坏自己现在的行为模式才没有勇气正视自己的某些倾向，那么必定会打乱他的总体精神机制。如此一来，他极尽一切阻挠发生的事情就要发生了。突然之间，他无意识中的思想过程一下子就彻底公开了，他根本没有勇气去想象自己所拥有的想法，只要自己觉察就会打乱他总体的行为模式，全都被揭露出来，赤裸裸地暴露在眼前。无论什么人，都会拒绝接受任何有可能阻止按照自己意愿行事的观念，宁愿采用那些能够证明自己的态度和行为正确的观点，这是人类的共性。也就是说，人只接纳那些能够对自己有价值的东西，并将它们存在意识中；但是会破坏固有行为模式的事情，则全部会被丢进深不见底的无意识中。

第二个病人是一个十分优秀的男孩，他的父亲是位老师，一直鼓励他争取做班上的第一名。刚开始，无论做什么事情，这个男孩都获得了成功。在他的社交圈子里，他是最有魅力的成功人士，并有几个关系不错的朋友。

然而，在他18岁那一年，转折出现了。他丧失了一切生活乐趣，情绪低落、脾气暴躁，用尽各种各样的方法来离开这个世界。此外，他总是很快就毁掉了刚刚建立起来的友情。根据他的表现，所有人都能了解到，他遭遇到了严重的阻碍。但是，他的父亲却认为他闭门不出专心学习的方法是正确的，因为他能将更多的精力投入学习中。

这个男孩在治疗期间，总是不停地抱怨，说他的生活乐趣都被他的父亲剥夺了，他已经失去了继续活下去的勇气，他现在失去了一切，只能在孤独而悲惨的人生中度过他的余生。他的学习成绩也下降很多，大学期间甚至不能及格。按照他的解释，他的这种转变开始于一次聚会。当时，朋友们在聚会上嘲笑他，认为他对当代文学了解得太少了。后来因为类似的事情又发生了好几次，导致他越来越坚定过离群索居的生活。他和他父亲的关系变得非常恶劣，因为他相信，自己之所以如此不幸全都是父亲的责任。

上面的这两个例子有很多相似之处。第一个例子中，因为妹妹的阻挠导致病人失败；第二个例子中，病人认为是父亲导致自己失败，并因此仇视父亲。这两位病人都抱着我们所谓的“英雄主义思想”，并沉醉在这个理想中。他们切断了和周围世界的一切联系，变得消沉，情绪低落，对生活失去信心，宁愿退出人生的舞台。不过第二个男孩绝不会有这样的想法：“我应该退出社会生活，在痛苦中度过余生，因为我再也无法继续当英雄。”

确实，他的父亲犯了错，他所接受的教育也是错误的。然而，他只看到了他父亲错误的教育方式，并不断抱怨，只因为他想为自己逃避社会的行为寻找正当的理由。对他来说，光明正大逃避社会的好办法，除了拿自己所受的教育太糟糕当借口，好像也没有更好的了。这样一来，他可以把一切责任都推给他的父亲，自己不必承受失败的痛苦，这才是关键的。而且，通过这种方式，他还能保留少许的尊严，追逐自己的远大理想。他认为他自己曾经有过辉煌的过去，那么在未来他也一定能取得巨大的成功，父亲的教育方法错了，才阻碍了他的发展。他之所以不大顺利，完全是父亲的责任。

在一定程度上，他的无意识中隐含着这样一个观点："我应该尽一切努力撤出人生的战场，因为我现在离这个战场实在太近了，保持第一名的难度相比从前也提高了。"不过没有人会这样说出来，因为众所周知，普通人很难接受这个观点。但是这个男孩的行为与表现却说明他确实是这样想的，他为了顺利逃避社会，列举了不少证据，并如愿找到了撤离人生战场的理由；通过对父亲教育方式的抱怨，从而成功逃离了社会，避开了所有的社会责任。他的这个想法只能隐藏在无意识中，假如上升到意识层面，他的隐秘的行为模式一定会遭到破坏。既然他过去曾取得了非凡的成就，那又有谁会评价他能力不高呢？如果他以后还是毫无成就，自然就不会有人怪他，因为他父亲应该为自己糟糕的教育负责。此时此刻，这个男孩拥有多种身份，稳固占据优势地位：首先，他是辩护人，极力辩护自己没有犯错；其次，他是原告，极力谴责他的父亲教育方面的错误；最后，他甚至还是法官，坚决做出判决，全部责任在于父亲。他怎么可能放弃当下这个对他如此有利的观点呢？只要他愿意，作为儿子他可以持续采用这样的方法，并能摆脱任何责任，受指责的永远是他父亲。

五、梦

通过一个人的梦能看出他的人格，这是长久以来人们认为的。与歌德同时代的利奇坦伯格曾提出一种言过其实的说法：与言谈举止相比，梦更容易透露出一个人的性格和本质。我们认为，对于心灵活动中的单一现象，一定要用最慎重的态度来处理，同时还要和其他现象联系起来进行思考。所以，在分析某个人的人格时，我们不能毫无顾虑地以梦为依据，还需要寻找证据加以证明和补充，这样才能对梦做出正确的解释。

在史前时代，人们就开始解析梦。根据对文化发展史的研究，特别是神话和英雄传奇中显示出来的例证，我们可以推导出如下结论：在过去，人们对梦的解析比我们现在要了解得更深。我们只需要回忆一下梦在古希腊人的生活中所扮演的重要角色，回忆一下西塞罗写的那本关于梦的作品，或者回忆一下《圣经》中所描绘的种种梦境，就能了解到古人对梦有多熟悉了。这样的例子很多，例如，《圣经》在描绘梦境时，要么得到了聪明的解释，要么得到了客观而直白的叙述，就好像梦的意义非常清晰，任何人都能明白。约瑟在梦中见到了麦穗，并向兄长描述了他的梦，就属于这种情况。此外，尼伯龙根传说，这个来自和我们截然不同的另一种文化，这种文化中的人们也会把梦当真，会把梦中出现的事情当成真实存在的证据。

在探寻人类心灵时，如果我们过多依赖梦境，就会和那些试图在梦和梦的解析中寻找超自然力量的人变成同一种人，就很难了解问题的实质了。想要毫无顾虑地接受梦给出的证据，前提是在其他方面有大量的研究证实巩固我们从梦中得出的观点。

即便现在，也有很多人认为梦对将来有着特别的意义，有一些唯心主义者甚至还让梦来影响自身。例如，我们的一个病人，终日沉迷在股票投机中，并轻率地放弃了每一份好工作。他在买卖股票时，总是以自己的梦为依据，还列举过去的种种经历来说明自己如果不按照梦的提示来买进卖出，就一定会倒霉。日有所思、夜有所梦，他梦到的往往是他白天一直想着的那些东西。他据此一直以梦来鼓励自己，并光明正大地表示，在梦的帮助下他挣了不少钱。可是，没多久他又改了口，说不再相信梦的价值了，看来这一次一定是赔光了所有的钱。对炒股的人来说，赚钱赔钱是家常便饭，即使有梦的提醒，也是不可避免的。要说梦在其中会起到什么神奇的作用，根本就是无凭无据的。事实上，如果一个人对某件事特别有兴趣，那么即便到了晚上也会继续思考白天所想的问题。有人为此殚精竭虑，往往晚上总是睡不着觉；有人能睡着，但在梦中继续思考，一直闲不下来。

其实，梦只是在睡眠过程中占据我们思想的特殊现象，就相当于一座桥梁，连接了昨天和明天。如果我们能了解一个人对人生的大致态度，以及他是怎样将“这时”和“那时”联系起来的，那我们就差不多了解了他的梦的结构特征和意义了。也就是说，一个人做什么梦，是由他的总体的人生态度决定的。

有一位年轻的女士，梦见她的丈夫忘记了他们的结婚纪念日并因此而指责丈夫。这个梦应该有多重意义。如果这个事情在日常生活中出现过，我们立刻就会知道，他们的婚姻出现了问题，妻子觉得自己被忽略了。这位女士解释说，她自己也忘记了结婚纪念日，是最后又想起来的，但在梦中丈夫是经过她的提醒才想起来的。这说明，她觉得自己做得更好，是“更好的那一半”。进一步沟通后，她说以前从来没有发生过这样的事情，过去丈夫总能记住结婚纪念日，梦里的情况从来没有出现过。如此一来，我们就明白了，这个梦说明她对未来非常担忧。她担心自己的丈夫有一天会做出这样的事情。因此，我们可以初步判断，这位女士喜欢指责他人、吹毛求疵、无缘无故找他人麻烦，且经常和丈夫发生矛盾。

如果不能找到其他的证据，我们就不能肯定这样解析她的梦究竟是对还是错。于是，我们询问她童年的经历。她讲了一件至今忘不了的事情，那年她3岁，她姑姑送给她一个木勺子，这个礼物使她非常自豪。但是有一次她玩这个勺子的时候，不小心把勺子掉到小溪里冲走了。为了这件事，她伤心了很长时间，以至于周围的人也关心这件事。

由此我们假设，她的这个梦实际上说明她担心自己的婚姻也会消失，就像那个被冲走的木勺子一样。如果她的丈夫真的记不住他们的结婚纪念日，那她又该怎么办呢？

还有一次，她梦到她的丈夫带她爬上了一座高楼，在向上走的过程中，楼梯越来越陡峭。她觉得自己爬得太高了，立刻感觉头晕和紧张不安，最后居然晕倒了。一般人在清醒状态下，站在高处可能会产生这种头晕目眩的感觉，在比较暗的地方，恐惧感可能会比在高处来得更加强烈。如果在这两个梦之间建立联系，我们就能清楚地认识到内部隐藏的想法、感受和意义，并对做梦者有一个更加深刻的了解：这位女士担心自己从高处落下来，担心自己受到伤害。在她看来，丈夫对自己的感情越来越淡，以及其他类似的事情，都是巨大的灾难。想象一下，如果丈夫出于某种原因和自己发生了激烈的冲突，会发生什么事情呢？如果他们的婚姻出现了不和谐的问题，又会有什么情况发生呢？他们可能会争吵，甚至打架，最后妻子可能会昏倒，然后事情结束。事实上，他们之间一次争吵都没有发生过。

现在，对于第二个梦，我们的理解更加深刻了。实际上，梦所表达的思想感情本身并不重要，重要的是表达这种思想感情的方式。对于思想感情本身的要求，只有一个，就是不管从哪方面看，都要有实用价值，能够对外表达。在第二个梦里，这位女士用比喻的方式表达了自己遇到的人生问题，仿佛在说："想要不摔得太惨，就不要爬太高。"歌德的《婚姻的歌》，曾描述过一个这样的梦：一名骑士从乡间归来，回到了自己的城堡，发现城堡里人烟稀少。他很累，就躺在床上进入了梦乡。他梦见床底下钻出来一些小矮人，还举行了婚礼。醒来后，他很开心。这个梦显示了他心底的一个秘密，他想要结婚了。后来，他果然结婚了，梦中的景象成了真。

在这个梦中，我们看到了许多大家熟悉的元素：首先，这个梦的背后隐藏着做梦者对自己婚姻的看法；其次，做梦的骑士渴望什么，需要什么，以及他对自己当前生活状况的态度，都能从中呈现出来。为了改善目前的生活状况，他需要婚姻，所以就梦到了结婚。第二天醒来后，他便坚信，如果他结了婚，一定能大大改善他的生活。

接下来我们再来看看一个28岁男士做的梦。在梦中，情节的发展跌宕起伏，犹如人体发烧，真实揭露了做梦者的思想感情。值得注意的是，从这个梦中我们一眼就能发现，这个人很自卑，且十分渴望权力和优越感。他的梦是这样的："我和一大群人一起去旅行，由于旅行要坐的船太小了，我们不得不去一个很小的车站，并在那个小镇住一晚。晚上，我们听说我们的船要沉没了，参加旅行的人都被叫到船上用水泵抽水，以免船完全沉没。我快速跑到船上，因为我想起我在船上的行李中有很贵重的东西。这时，大家都忙着用水泵开始抽水了。但是我不想干这个活，只想去行李舱。后来，我从窗户那里捞出了我的行李箱，同时发现一把铅笔刀。我很喜欢这把铅笔刀，喜爱程度不亚于我的旅行袋，所以便将铅笔刀放进旅行袋中。船下沉的速度越来越快，我便和我的一位熟人一起跳下了海。我从海里游到岸上，沿着码头走到一座悬崖上。必须从这里下去，这是唯一的一条路。至于那个熟人，我从船上跳下来之后就再也没有见过了。我下滑的速度越来越快，心里非常害怕，担心自己会被摔死。终于，我来到了悬崖下面，正好一位年轻人站在我的身边。这个小伙子我并不认识，但却很熟悉。这位年轻人和一些人默默地站在一起，正在罢工。这位年轻人对我很亲近，似乎知道我在船沉没时不顾别人逃跑这件事，他用责备的口吻对我说：‘你在这里干什么呢？’我想从这座深谷中逃离出去，但四周都是悬崖峭壁。从悬崖顶端垂下来的绳索非常细，我不敢利用它们爬上去。为了出去，我用尽各种办法、拼尽所有力气，但都没能成功，一次又一次跌回深谷。最后，我终于爬到了山顶，虽然我也不知道自己是怎么上去的，但我的确上去了。可能是我故意不想梦到这一部分情节，所以没有耐心直接跳过了这一段。悬崖旁边有一条小道，靠近悬崖的那边都用篱笆环绕着，路上人来人往，大家都很和善地和我打招呼。”

通过对早期生活经历的回忆，这位男士提到的第一件事就是在他5岁之前，他一直重病缠身，5岁之后也总是小病不断。由于体弱多病，父母对他照顾有加，百般宠爱。他很少和其他孩子交往，而当他想和大人接触时，他父母总是提醒他，小孩子应该乖乖待在父母看得见的地方玩，要乖巧，不要打断大人的谈话，更不能大声喧哗，因为小孩子到底和大人不一样。后果就是他失去了步入社会的机会，也无法和父母之外的人交往。更严重的是，与其他同龄孩子相比，他落后得太多了，无论如何也赶不上。此外，正如我们推测的一样，在伙伴的眼里，他是这样愚笨，也是大家嘲笑的对象。在这种情况下，他想结交朋友，根本不大可能。

因为环境的刺激，他变得非常自卑。他的父母是他唯一的教育者，父亲虽然心地善良，却脾气急躁，专横霸道；母亲虽然很柔弱，却并不善解人意，甚至有点蛮横不讲理。父母的性格和脾气决定了他所受的教育肯定是极其严苛的，虽然父母总是苦口婆心地说自己是如何爱他，如何为他好。可以想象，在这样的环境中长大的他，备受挫折，灰心丧气。在他童年时期发生了一件让他印象深刻的事情，当时他才3岁，母亲认为他不听话，就让他在一堆豌豆上跪了半个小时。但实情是他拒绝给一个马夫送信，因为这个马夫让他感到害怕，这一点他母亲也知道。平时，他很少挨打，但一旦挨打，父母就用一条编得很密的打狗鞭来打他。每次挨打之后，父母还会要他恳请他们宽恕他，并说明为什么会挨打。对此，他父亲解释说："孩子应该知道自己为什么而受到惩罚。"有一次，没有任何理由挨了打，之后无法说出自己为什么挨打，于是又挨了一顿打。为了不继续挨打，他只能胡编一些错误应付父亲。

所以，他从很小开始就记恨他的父母，且他的自卑感不断加重，以至于他觉得自己永远都不会有出头的那一天。他的学校生活和家庭生活一样，充满了失败，只是程度大小不一。18岁之前，他在学校不断招人讥讽，甚至连老师也嘲笑他。当时老师在班上朗读了一篇他写得很烂的作文，读的过程中还加入很多讥讽性质的评语。

在这些悲惨的经历中，他变得越来越不愿意与人交往，终有一天他迟早会脱离社会，在父母的周旋过程中，他找到了一个回击方法，即拒绝开口讲话。这个方法可行性很高，代价也很高。语言是人与外界建立密切联系的方法，毫无疑问，他拒绝开口讲话就是主动放弃这一方法，截断了与外界的联系。他拒绝和任何人讲话，成为彻底的孤立者。所有人都误解他，他不跟大家说话，特别是不和父母说话，最后也没有人愿意搭理他了。后来，他也曾谈过恋爱，但不断遭遇失败，这让他悲伤不已。从此，就没有任何事情能吸引他进入社会了。这就是他28岁之前的人生经历。他体内深深的自卑感，逐渐吞没、歪曲他的社会感，并刺激他产生了对卓越、尊贵的强烈渴望，激发出一种让人难以理解的雄心壮志。他的语言逐渐减少，心灵却不断膨胀，无论白天还是黑夜，他都在做着平步青云、建功立业的梦。于是，他就做了前面我们描述的那个梦，我们清楚地看到，他的行为和行为模式与他的心灵发展，完全吻合。

接下来，我们回想一下诗人西塞罗曾讲过的一个梦，这个梦是文学史上著名的预言梦之一，然后，我们再对有关梦的问题做最后的总结。

一次，诗人西摩尼得斯在街上看见一具尸体，不知死者是谁，他将其好好埋葬了。后来，他准备出海远行，这名死者警告他说，他将在这次航行中葬身海底。于是，西摩尼得斯放弃了这次远行，而其他没有退出的人后来全部遇难了。

从史料记载来看，在之后的几百年间，人们一直对这个与沉船有关的梦记忆深刻。

要解释这一件事，我们首先应该明白，在当时沉船事件是经常出现的。也正因为如此，很多人在出海前会梦见船沉了。与其他沉船梦相比，这个流传久远的梦看起来非常特别，它展现了梦境和现实之间一种非常惊人的巧合。可以想象，对于那些喜欢探寻神秘梦境的人来说，这种梦一定非常受欢迎。但我们却对这个梦进行了冷静而理智的分析：对于那次远航，这位诗人可能并不是很热心，因为他相当在意自己的身体状况。所以，当行期渐渐逼近时，他一直在犹豫不决。最后，他不得不给自己的犹豫找一个正当理由。于是，他想起了那位死者，此人得到了体面的安葬，应该对他表示感谢，由他来担当预言家的角色再合适不过了。他找到了一个借口，并退出了这次远航。如果这次沉船事件没有发生，人们可能不会记得这个梦和这个事件。因为大家只会记得那些让心灵受到震撼的事情，那些根本无法想象的事情，以及那些隐藏着无穷智慧的事情，能流传后世的也是这类事情。总之，人在现实生活中拥有什么样的人生态度，他所做的梦就怀有什么样的态度。

我们还要必须注意的一个事实是，并不是所有的梦都能解析清楚，事实上，只有很少的梦才能解析。做完梦后我们很快就将它忘记，就算没有忘，也很难将梦中隐含的意义明确解析出来，除非对梦的解析很精通。说到底，梦仅仅是个体行为与行为模式的一种象征性或隐喻性的展现。比喻或者象征能让我们进入某种我们所渴望的环境中，这是其主要意义。当我们正在专心解决问题时，如果心灵已经为我们找到了解决这个问题的最近距离，那找到一个强大的力量促进我们进入一种有助于解决问题的环境中，这种方法并非不可取。梦最擅长的就是强化某种感情或制造解决问题需要的动力，因此选择做梦是一个很好的方法。虽然做梦者对梦的原理了解不多，但只要找到某种形式的材料和动力就足够了，剩下的工作由梦来完成。由于梦的内容来源于做梦者的思想，因此梦能秘密展现做梦者的行为模式。梦就好像是一股烟，可以让我们知道哪里着火了。当看到这股烟，经验丰富的伐木工人就可以凭借烟的情况确定发生火灾的是哪种树木。同样的道理，精神科的医生如果经验丰富，也能以对梦的解析为依据，分析出一个人的天性。

总而言之，梦不但能说明做梦者极力想解决的是哪一问题，还能说明此人解决问题的方法。需要特别指出的是，影响做梦者与外界关系的元素，社会感和对权力的追求，也能通过梦清楚地展现出来。

六、天赋

在影响我们判断个体心灵的现象中，还剩下智力这种现象没有谈到。对于他人对自己的评价，我们一般不会太看重，因为我们相信任何人都会犯错，每一个人都会为了给别人留下好印象而采用各种复杂的自私手段、道德手段等。不过，在有限的范围内，我们还是可以从某些具有特性的思维过程和语言特点入手，来研究个体的人格特征。也就是说，我们想要对个体做出正确的评价，就得重视个人的想法和言谈。

所谓天赋，指的是一个人在做判断的过程中所表现出来的特殊能力。天赋一直是无数研究、分析和测试的对象，其中用来测试孩子和成人的智力测试最有名。然而，这种测试到目前为止并不能让人完全满意。老师即使不用测试，也能得出每批孩子接受测试的结果，还不用费多大劲。一开始，实验心理学家把智力测试看成是一件了不起的发明，但心知肚明这个测试在某种程度上是多此一举。另外，智力测试的不确定之处还比较多，例如，有些测试结果很糟糕的孩子，可能会在多年后突然表现出惊人的发展势头和才能，因为孩子的思维发展和判断力很不稳定，也没有一定的规律。还需要注意的一个因素是，来自大城市或某些社交圈子里的孩子，会因为拥有更加宽广的生活范围，而对这种测试有更充分的准备。在测试中，这类孩子的表现更加出色，而那些准备不充分的孩子则被他们反衬得相当逊色，虽然这个测试结果并不那么靠得住。一般说来，在8～10岁的孩子中，出身富裕的孩子比那些出身贫穷的孩子，要机敏得多。但这并不意味着，富裕家庭的孩子的天赋更高，这只能说明造成差异的原因是他们从小生活的环境。

在智力测试方面，目前为止我们并没有取得多大的进展。在柏林和汉堡进行的测试显示，那些成绩最高的孩子，在以后的学习中表现欠佳，这样的结果让人非常遗憾。这个现象说明，智力测试的成绩，并不能左右孩子未来是否能够健康发展。相反，个体心理学的实验却给我们提供了比较可靠的指导性意见，因为它并不是以判断发展程度为目的，而是以找到发展过程中隐藏的积极元素为目的。而且如果有需要，相关研究还能教会孩子如何改正错误。总之，个体心理学始终坚持的原则就是，将孩子的思维与判断力和他心灵活动联系起来思考，而不是让它和整体的心灵活动分离。

第七章　性别

一、劳动分工和两性差异

从之前的讨论中，我们了解到有两项元素共同控制着个人所有的心灵活动，即社会感和对权力的追求。这两个元素影响着个体的所有行为，并指导个体应该怀着怎样的态度去追求安全感，迎接爱情、工作和社会这三大人生挑战。由于个体能在多大程度上了解社会生活规律和能在多大程度上接受社会生活所必需的劳动分工，都取决于这两个因素之间的关系，因此想要深入了解人类的心灵，在判断任何一种心灵活动的时候，都必须综合思考这两个因素在数量和质量上对各种心灵活动的影响。

劳动分工是维系人类社会必不可少的一个要素，每一个人在任何时间、任何地点，都必须做自己应该做的事情，都必须履行自己的义务。那些不想履行义务或不愿意承担社会责任的人，会成为社会的敌人，他们不愿意融入社会，也拒绝与他人合作。一般说来，利己主义者、爱捉弄别人的人、自私自利的人，以及爱惹事的人，往往属于这类人。还有那些性格古怪的人、乞丐和犯罪者，他们身上也带着这样的性格特质，这些人反社会的倾向更复杂，也更强烈。大家之所以会谴责这些人，是因为人们已经了解了这种人的性格特征，认为他们跟社会生活冲突，格格不入。由此可见，一个人本身的价值，是由他对待他人的态度、参与社会分工的程度共同决定的。如果一个人对社会生活持肯定态度，那他就能成为一个对别人意义重大的人，他自己也会成为巨大的社会链条中不可或缺的一环。这个链条不能被打乱，否则人类社会的秩序也会被打乱。人们渴望优越感并对权力极力追逐，已经使人们形成了错误的价值观，并且这种价值观已经渗透到正常的社会分工中去了，这就导致一个不言而喻的真理被重重迷雾遮住了。这个真理认为，一个人在社会中处于什么样的地位，是由他个人的能力决定的。对优越感的追求，不但干扰、阻碍了人类社会的全部劳动过程，还导致人们在进行价值判断时犯下实质性错误。

有些人对于本该由自己做的事情，本该自己履行的义务，会选择拒绝，这一定会打乱社会的劳动分工。还有一些人会为了维护自己的利益，妨碍公共社会和社会工作制度，这种不合理的野心以及对权力的渴望，同样会严重干扰社会分工。此外，人类大量矛盾与斗争的源头就在于社会中存在阶级差异。为了保障自身权力或物质利益，那些有权阶层会借助手中的权力，占据所有好的位置，并将其他阶层排挤出去。就这样，正常的劳动分工便被阶层差异以这种方式阻碍了。正是因为社会结构中存在那么多阻碍劳动分工的因素，劳动分工才无法顺利进行。那些不断扰乱社会分工的力量，让某些人得到特权的同时，也会让一些人受到奴役。

劳动分工产生的另一个重要因素是人类的性别差异。由于身体上的差异，女性常常被拒绝参加一些工作，反之，男性也会被拒绝参加一些工作，是因为他们更适合做另外的工作。所有的妇女解放运动者，如果不是理智全无，都会承认不带任何性别偏见是以差异化为前提的社会分工的前提。因为劳动分工是为了让所有的女性和男性都能做适合自己的工作，绝不是要剥夺女性独有的气质，也不是要破坏男女之间的自然关系。在人类发展过程中，性别差异导致的劳动分工由来已久。很久以前，女性便开始接替男性开展一些有时候由男性负责的工作；而男性则开展其他能更好地发挥自己力量的工作，作为交换。总之，只要所有人都能发挥自己的才能，无论人的体力还是脑力都用在了正确的地方，这样的劳动分工就是有价值的。

二、男性在现代社会中的支配地位

在某些想要获得特权的个人和阶层的推动下，人类文化朝着追求个人权力的方向发展。在这样的总体环境下，劳动分工也被严重影响，形成了一种特殊的体系，足以扭曲整个人类文明。在当今社会中，男性的重要性被彰显到了极致，就是其中一个明显的特点。例如，男性在具体的劳动分工中，往往占据支配地位，支配着女性，并由此获得了某些特权，保障了他们的某些利益。为了轻易避开与自己不相干的工作，享受舒适的生活，男性占据种种有利的条件，并支配女性和安排女性参与各种工作。

当前的情况是，男性想方设法想继续支配女性，而女性开始抗议男性的统治。可想而知，这种紧张的持续的局面一定会导致相互依存、关系紧密的男女两性心理失去平衡，严重的话还可能造成身体障碍，最终给双方都带来极大的痛苦。

我们一切的制度、传统思想、法律、道德、风俗等，都证实了男性为了拥有特权，维持自己至高无上的支配地位，决定并维系着所有事情。男性占据支配地位已经在人类社会中成为一种习惯，根深蒂固。这种习惯影响着人类社会的方方面面，包括幼儿园的孩子在内。尽管孩子并不清楚各种社会规范的源头，但他们的思想感情肯定会受到社会整体环境的影响，这一点我们不得不承认。这样的例子随处可见，例如，当要求一个男孩穿女孩的服装时，他会表现得非常生气，甚至大吵大闹。强烈渴望权力的男孩，一定会表现出对男性特权的偏好，明白男性身份可以时刻保障他的优越地位。更何况，父亲一般是家庭中权力的代表，所以孩子在很小的时候就能意识到父亲扮演的角色有多么重要，他会留意父亲是如何控制家庭生活的节奏，如何安排所有的家庭事务，如何在所有场合中表现家庭主人的风度。他甚至还会发现包括母亲在内的全体家庭成员，都会服从父亲的安排。比起一直陪伴在孩子身边的母亲，父亲陪伴孩子的时间一般比较少，但在孩子眼里，父亲的行动更加捉摸不定，因而更能引起他的兴趣。总之，无论从哪个角度看，父亲的角色都很强大，所以孩子会把父亲当成是自己的偶像，相信父亲说的每一句话都是真理。他会在证明自己的想法时，用“爸爸曾这样说过”来证明。即使在父权影响力没有那么显著的情况下，孩子依然能感知父亲的控制作用，因为父亲是家中的支柱，是整个家庭的承担者。可见，父亲之所以能在家行使自己的权力，完全是社会分工的功劳。

男性的控制地位是如何获得的？可以肯定的是，一定不会是自然而然产生的，这点大家务必要留意。这是人为造成的结果，一个有力的证据就是，人们制定了各种各样的法律法规来保障男性的支配地位。这说明，在这之前，在法律还没有庇护男性的支配地位之前，男性一定没有这么多的特权。历史证明，母系氏族社会是存在过的。那时，母亲、女性在生活中扮演着重要的角色，尤其是对孩子来说。那时，部落中的所有男性都要尊重母亲的崇高地位，这是他们的义务。时至今日，一些部落民族的习俗和语言习惯中还保留着这种历史悠久的制度。比如，遇到陌生的男性，孩子会叫他们“舅父”或者“表哥”。从母系氏族社会过渡到男性社会，人类必然会经历一场激烈的斗争。男性获得胜利后，女性的地位便开始下降了。相关法律的建立健全过程，清晰印证了这一漫长的征服过程。有些男性认为他们的男性特权和优先权是天经地义的自然规律，但如果把男性地位的演变历史告诉他们，让他们明白男性是经过一系列恶战才获得这种地位的，他们的特权地位也不是与生俱来的，他们一定会非常惊讶，觉得不可思议。

男性的控制权力并非天生的，原始部落间不断的争斗，必将引发这样的结果。当部落之间发展战争时，男性的作战能力完全发挥出来，他们的地位因此而不断得到提升，到了最后，利用这种新获得的有利条件来巩固自己的领袖地位，达到自己的目的。在男性地位变得越来越重要的同时，他们逐渐掌控了财产权和继承权。就这样，男性具有了双重身份——财富的积累者和财富的所有者。从这个角度来看，男性得到了财产权和继承权，随之而来的便是占据了控制地位。

孩子在成长期间，仅仅凭着感觉就能知道男性是家庭中拥有特权的成员，而不需要看书、不需要学习相关的史料。就算他的父母极有远见，倡导人人平等，努力抛弃历史悠久、根深蒂固的男性特权，孩子的这种感受还是会产生。总之，我们很难让孩子相信，做家务的母亲其实和父亲扮演着同样重要的角色。

如果孩子从小就认识到男性拥有明显的特权，试想一下，会对他产生什么样的影响？众所周知，父母都希望生男孩，所以男孩一出生就得到了比女孩更多的欢迎。在这种成长环境中，男孩随时都能感受到，自己因为和父亲同属于男性，所以享有特权，并具备更高的社会价值。再加上男性享有特权的思想已经渗透到了社会的方方面面，就算没有人刻意强调男性的重要性，男孩也能从人们之间无意的谈话中得知这样一个事实：男性比女性更为重要。

生活中的一些常见的现象会越来越加深孩子的这种印象，

他对于男性处于控制地位这件事，会更加确认。例如，男用人一般不会干那些低贱、琐碎的家务，都由女用人负责。又如，在通常情况下，大多数女性都不相信自己能与男性平起平坐。顺便给女性提一个建议，结婚前最好问问未来的丈夫："你怎么看待男性占据的控制地位，尤其是在家庭中？"老实说，能直接对这个问题做出回答的男性，几乎为零。而女性对这个问题的看法也不一致：有的女性渴望两性平等，有的女性则多少认可两性的不平等。男性却相反，从童年时代开始，他就一直坚信作为一个男人，他肩负着无法推脱的责任，即扮演着一个重要的角色。如此一来，他就会特别关注那些有利于维系男性特权的人生挑战和社会挑战。

在这种成长环境中，孩子从各个角度了解了女性的实质，认识到女性地位低贱，让人同情。在这种情况下，男孩当然会果断地朝着男性化方向发展，他会努力追求权力，以培养自己男性化气质与态度作为自己的发展目标。可见，权力为培养男性气质提供了很好的条件。一般说来，人们会将一些性格特征划为男性特有的，一些性格特征划为女性特有的，不过将性格特征一分为二，认为一半是男性独有的，一半是女性独有的，这样区别没有任何依据。如果比较一下男孩和女孩的心理状态，好像能为这种区分提供一些依据，但其实这些都是人们设计的结果，因为这些调查对象从小就有自己的位置和成长轨迹，他们的生活方式和行为模式一开始就受到特殊权力观的制约，就连他们奋斗的目标也是这个权力观强迫他们制定的。再加上，这两种性格特征都会促使人们去追求权力，也就是说，就算一个人拥有臣服、温顺等女性特质，她也可能强烈地渴望权力，还可能就是权力掌控人。这些同样证明了这样的分类方式没有一点依据。例如，不听话的孩子对权力有着强烈的渴望，听话的孩子也一样，但听话的孩子肯定更容易获得权力，因为听话的孩子享有更多的优势。总之，追逐权力的方法相当复杂，我们在探究心灵活动时，一定要加倍细心。

在成长的过程中，男孩会渐渐把维持自身的男性身份当成是一项重大责任，这项责任会让他们的野心不断膨胀，让他们对权力和优越感的追求不断增强，甚至还会让他们坚信，追求权力和优越感是他们与生俱来的职责。对于很多渴望权力的男孩来说，仅仅认同自身的男性身份是不够的。他们还需要证明自己是真正的男子汉，而最好的证明方式就是获取男性特权。为了实现上述目标，他们一方面努力奋斗，以和自己的男性身份匹配，一方面还要对女性表现出高贵、傲慢的态度。他们根据自己遭遇的反抗程度，采用不同的方法来实现目的，或者顽固而野蛮地强迫，或者狡诈而巧妙地算计。

如果全社会的衡量尺度都是由拥有特权的男性来制定的，那连年纪幼小的男孩也无法回避这样的尺度。毫不奇怪，他们会用这个尺度来衡量自身，并判断自己的行为是否有男子汉气概，自己是否称得上真正的男人。今天，我们似乎对“男子气概”已经达到了一个共识，但它实际上只是一种用来满足自恋的产物。男子气概包含了许多对女性化坚决排斥的“积极”特征，如勇气、力量、责任、战无不胜（主要是针对女性的战斗）、地位、荣耀、头衔等，完全能让男性产生一种自己比他人更出色、自己的地位凌驾于他人之上的感觉。“男子气概”的表现形式之一是拥有支配权，所以他们不断努力，以赢取高高在上的地位。

由此可见，所有男孩的性格特征都是人为原因造成的，来源于成年男性（尤其是父亲）身上所表现的特征。在人类社会中，激励人们追逐权力是一种常见现象。男孩自幼便受到各种各样的鼓励，为自己争取权力与特权，这就是所谓的“男性气概”。大家都已经了解，如果“男性气概”朝着坏的方向发展，便沦为粗俗和蛮横。

在这种环境中，全体男性都能得到种种好处，毫无疑问，对任何人来说这都是一种根本无法抗拒的诱惑。这样一来，我们就不难理解，很多女孩都梦想着自己能变成男孩，对自己的女性身份感到失望和惋惜，还喜欢用男子气概作为自己行为的评价标准，做起事来也很像男孩子。我们甚至可以断言，所有的女孩都希望自己变成男人。想变为男孩的女孩都无法压抑一种念头：在适合男性体格的游戏、活动中表现优秀。她们喜欢爬树，喜欢和男孩子一起玩，那些“女里女气”的活动让她们觉得羞耻，并拼命避免参加这些活动。只有在参与适合男性的活动中，这些女孩才能获得满足感与优越感。大家已经了解，要知道一个人是怎么追求优越感的，关键是要了解他具体行为后面的意义和目标是什么，而不是这些表现本身。女孩喜欢参与各种男性化的活动，原因只有一个，就是对拥有男性气魄、变成男孩的强烈愿望。

三、所谓女性的低劣

为了证明自身占据控制地位是合理的，男性始终坚持自己的地位是上天的安排，是理所应当的，还会说女性本身的低劣是这一切的源头。所有的民族都认可女性低劣这一观念，并广泛普及开来。但男性内心如果不是一直忐忑不安，又怎么会极力贬低女性？也许早在男性跟母系社会对抗的斗争中，男性就已经感受到了这种不安，因为那个时候女性确实是让男性不安的源头。这类描述经常会出现在文学作品与史料中。拉丁美洲一名作家写道：“男人因女人而迷惘。”神学诊断书中也经常会讨论女人是否具有灵魂这个问题。还有大量的学术论文讨论女性到底属不属于人类。男性对女性有成见，有一个极致的表现，那就是曾有漫长的100年，女巫一直遭受迫害。可以说，在那个早已被遗忘的年代，人们对女性的认知是彻底混乱而多变的。

《圣经》中的原罪说以及荷马的《伊利亚特》都认为女性是罪恶之源，这种思想也很常见。海伦的故事表明，一个女子能引发祸害，甚至毁灭全民族。还有无数的传说、童话，都描述了女性的道德败坏。罪恶、虚伪、背叛、放荡，以及“像女人一样愚蠢”甚至会在法律辩论中出现。在这种成见的影响下，女性的能力、努力及才华都遭到贬低。不管是文学作品还是各民族的语言习惯中，都有大量贬低女性的传闻、笑话及格言，最常见的形容词有狠毒、小气、蠢笨等等。

有时候，女性遭遇的贬低会达到异常刻薄的程度，如斯特林堡、莫比乌斯、叔本华、魏宁格等男性，他们对女性有很大的成见。持这种观点的还有不少女性，她们听天由命，认为女性生来低贱。总之，在这些认为女性低贱的人看来，女性的天职就是温顺和服从。当然，贬低女性的另外一种表现是，对女性劳动价值的贬低。哪怕女性做着和男性同样重要的工作，她们获得的劳动报酬始终比男人低。

通过对男女智力测试成绩进行的对比，我们发现男孩在数学之类的科目中比较有天分，而女孩则在语言之类的科目上表现突出。在那些对男孩未来参加工作有帮助的科目中，男孩确实表现更好，但这仅仅是一种表象。而对女孩具体状况进行的深层次研究表明，认为女性天生能力不足，根本没有依据。

在日常生活中，女孩经常会听到这样一些话：女子不如男子，女人只适合做一些无关紧要的琐碎小事。在长时间的耳濡目染中，女孩渐渐相信，女人的命就是这样的，无法改变。再加上女孩从小就没有接受过适当的培训和锻炼，发现自己能力很差是迟早的事情。这样一来，女孩肯定会失去信心，情绪低落。当有机会得到“男性”的工作时，她自然想当然地以为自己对这种工作不感兴趣。就算感兴趣，也很快就消退。就这样，她主动放弃了所有的内在心理准备和外在能力准备。

女性能力不足就这样被认为是确定的事实了。其实，这种谬论产生有两个原因：一种是我们在评判一个人时，常常依据他的事业发展状况，有时候甚至只是根据自己的片面意见，这样当然就很容易错误地评判女性。另一种是由于已经习惯以这种成见来评判一个人的价值，人们便很难理解人的心灵发展状况是如何决定这个人有什么样的表现和能力。人们很容易就忽视一个重要的现象，即女孩一出生，便生活在对女性的成见中，正是这种成见让女孩逐渐丧失了对自身价值的自信，粉碎了她的信心，扼杀了她取得成就的愿望。这些成见不断增强，同时女性持续上演扮演服从的角色，必然让女孩们丧失勇气，逃避自己的职责，进而无法独自解决自己的人生问题。一旦如此，女孩自然就变成了毫无价值与能力的人了。如果我们总是拆她的台，打击她的自信心，让她万念俱灰，不再对她自己能取得成功抱有幻想；如果这就是我们所做的一切，结果打压对象变得一无是处、毫无前途，那我们所做的这一切都是对的吗？难道我们不该承认她的痛苦正是我们造成的吗？

在这个社会中，女孩很容易就丧失了勇气与信心。实际上，有一个智力测试曾发现一个有趣的事情：对一批14岁到18岁之间的女孩进行测试，结果表明她们的能力和才华，比那些男女混合的测试组都要高。更进一步的研究发现，这些女孩家中，母亲要么是独自养家糊口，要么就承担了绝大部分养家任务。在这些女孩家中，并不存在对女性能力不足的成见，就算有，也很轻微。这些女孩了解母亲是如何通过勤奋工作换取报酬的，她们不会受女性能力低下这一观点的影响，成长过程中也不会有太多束缚，因此更加自由与独立。

还有一个证据可以用来反驳针对女性的成见，即已经有很多女性在许多领域取得了成功，尤其是文学、艺术、工艺、医学这些领域。在这些领域中，女性的成就相比男性毫不逊色。另外，平庸的男性到处可见，他们一事无成、能力低下。根据这些证据，我们同样可以证明，男性低贱而女性高贵。不过，这样的做法显然是不可取的，在这里我们也只是论证而已。

贬低女性会带来一个严重的后果：人们以固定模式为依据，将各种观念进行非此即彼的分类。例如，男性代表价值、强大、成功和努力等，女性代表服从、温顺、依赖和附庸等。正因为人类思想中建立了以上思维模式，所以人类文明中所有被称颂的事情都带上了男性标签，所有微不足道、恶劣不堪的事情都带上了女性标签。例如，在日常生活中，有一种现象很常见，对一个男人最大的侮辱莫过于说他“女里女气”，但说女性男性化则无伤大雅。甚至，有些时候人们说话的语气、语调，听起来都像是在暗示女人做了什么不好的事情。

更加深入的研究表明，女性表现出“低贱”的部分原因，和她们在心灵发展中遭遇阻碍有一定关系。人类社会的特点之一，就是它无法保证每一个孩子都能成为“有才华”的人，但却很容易让孩子没有才华。幸运的是，我们从来没有做过这样的事，但我们同样了解，有一些人在这件事上却相当成功。所以，相比男孩，女孩在当前社会往往会遭受到更多的压抑，这个不难理解。当然，尽管这样，我们还是常常看见一些不可思议的事情发生，即一些没有才华的孩子，突然之间变得才华横溢。

四、逃避女性身份

男性在社会中占据明显的有利地位，这必然严重破坏女性心灵的发展，导致所有的女性都不满意自己的女性身份。和那些由于自卑而受到束缚的人相比，女性的心灵轨迹和这一类极为相似，而对女性的偏见必将使这个问题变得更加严重和复杂。在此情况下，可能会有很多女性寻找某种补偿方式，但一般情况下，她们会将之归功于自身性格和智慧，或者自身获得的一些特权。这恰恰说明了错误是如何相继产生的，因为尽管这些特权让女孩不必再被某些责任与义务约束，尽管这些特权能让女孩获得奢侈享受，但女性因此而获得的尊重并不是真实存在的。“女性优势”有些理想主义，因为它本身是男性为了自己的需要而创造出来的，所以最终必将变成空想。关于这个问题，乔治·桑的观点一语中的：“女人的美德是男人巧妙发明的。”

一般来说，抗拒女性身份的人分为两类：一类是积极朝着男性化方向前进的女性，这一点我们在前面已经简要提过。这类女性往往精力充沛、野心勃勃，且志存高远，一心想要超越兄弟或其他男性同伴。所以，只要是那些只允许男性参加的活动，她们都想积极参与，并怀有浓厚的兴趣。她们一般会逃避爱情和婚姻，因为一旦建立婚姻关系，她们必然会想尽一切办法超越丈夫，从而破坏爱情和婚姻的和谐。她们极其厌恶家务活，并公开表示这种厌恶感，或者为了逃避责任而采用兜圈子的方法，例如，假装自己不善于做这类事，同时列举种种证据来证实自己自幼便没有这方面的天赋。

这种女性实际上就是采取男性化的方式来抗拒女性身份，以便弥补男性优势给自己的打击。人们经常叫她们“男人婆”“假小子”等带有明显歧视色彩的称呼。很多人认为，这类女性之所以行为男性化，是因为她们天生拥有一种男性元素或分泌物。然而，人类文明的整体历史表明，是由于社会曾经给予她们太多沉重的压力，让她们不堪重负才反抗的。大家很容易就能理解，女性反抗通过男性化的方式表现出来，因为人类只有两种性别，每个人都必须选择其中之一，要么成为理想的女性，要么成为理想的男性。所以，行为男性化，是女性唯一的逃避女性身份的方法，反过来也一样。因此，女性的男性化，和那些神秘的分泌物毫无关系，只是因为人类社会的范围非常有限，没有其他选择的可能。想要女性能其乐融融地与社会相适应，一定要保证女性和男性的绝对平等。所以，我们绝对不能忽视在女孩心灵成长期间，可能会出现的各种障碍。

第二种女性终其一生都任由上天安排自己的命运，面对自己的处境，她们表现出令人难以相信的顺从、谦虚和服从。当然，她们不会取得太大的成就，因为她们表面上看起来处处都能适应，但其实没有多大的才能。她们可能会有神经症的症状，看起来更加柔弱无助，需要别人更多的关怀，这也是她们作为自己无法适应社会的借口。她们认为，因为神经症，她们的学习和工作被不断干扰。她们觉得自己是世界上最好的人，只可惜体弱多病，才导致她们无法接受人生的挑战，也不能给周围的人带来幸福。实际上，她们的顺从、谦卑，以及对自己的压抑，和第一类女性一样，都是抗拒的一种方式。这种抗拒方式的含义非常明显，好像在替她们说：“生活没有一点幸福。”

严格来说，还有第三种女性。这类女性虽然并不抗拒自己的女性身份，却明白自己低人一等，注定在生活中处于附属地位，并因此而深感痛苦。她们相信男性天生是能干又成功的人，承认男性的特权地位，并热烈地赞美男性；同样，她们也相信女性生来低贱。她们毫不掩饰自己的脆弱，希望获得更大的帮助，还希望所有人都能认识到这一点。其实，她们的这种态度正是抗拒的序幕，她们为此计划了很久。她们时常说："这是男人该干的事情。"通过这种方式来发泄自己的不满，并巧妙地将全部责任都推给男人。

尽管女性的地位一直低下，但她们却承担了最关键、最艰巨的教育任务。接下来我们看看这三类女性在这项最为重要的任务中所表现出来的状态，就能将她们进行更加清晰的划分。具有"男性化"风格的第一类女性，通常会用粗暴专横的方式对待孩子，且喜欢惩罚孩子。孩子感受到了巨大的压力，就采用各种各样的方法来逃避她们。所以就算这种教育方式能发挥作用，也至多只能算是一种意义不大的军事训练。毫无疑问，在孩子的心目中，这样的母亲是很糟糕的。她们大喊大叫、反复唠叨，却很难实现目标，甚至会造成很多危害。例如，女儿会因为受到鼓舞而模仿她们；儿子却容易遭受一生的恐慌。在这种教育环境中长大的男孩，很多极力躲避女性，无法对女性产生信赖，因为他们的心中很难摆脱恐慌带来的困扰。结果就是，男性和女性之间出现显著的分界和疏远。我们认为，有一些男性之所以会得"恐女症"，原因就在于母亲的强制性教育。还有一些研究人员认为原因是"雄性和雌性激素比例不协调"，不过这种说法可信度并不高。

其他两类女性同样也无法承担教育任务，因为她们严重缺乏自信，而且孩子很容易就能看出她们的不自信，并不听从她们的管束。在这种情况下，她们可能表现得更加恶劣，唠唠叨叨或不停批评，还威胁孩子说要告诉父亲。而向父亲求援，则再次暴露出她们的不自信和不相信自己能够把孩子教育好。实际上，她们是想逃避教育的责任，认为只有男人才能胜任这个任务，离开了男人，教育便无法开展。通常来说，这样的女性总觉得自己不擅长教育孩子，会满不在乎地将这个责任推卸给丈夫和家庭教师。

为了逃避生活，有些女性会以“崇高”作为借口，这种做法暗示了其对女性身份的极度不满。例如，修女或其他因职业而独立生活的女性，她们表现极端，说明她们并不认可自己的女性身份。还有那些很早就踏入职场的女性，在某种程度上，她们将工作看作是维持自身独立、逃避婚姻的保护网。这同样说明她们对女性身份的厌恶，是如此选择的原因。

如果这样的女性结了婚，是否可以说明她自愿扮演女性的角色呢？答案很清楚，结婚并不意味着女性对自己身份的认可。有一个案例非常具有代表性，一位36岁的女性前来就医，表示自己有各种各样的神经性症状。她是家中的长女，父亲年事已高，母亲比较年轻且骄纵蛮横，父亲和母亲结婚很晚。她的母亲年轻漂亮，却嫁给了一个老头，从这件事我们可以推测这段婚姻中肯定包含着对女性角色的厌恶。父母的婚姻并不和谐，母亲整天大喊大叫，一定要家庭中的成员听从她的命令，不管别人愿不愿意，并愿意为此不惜任何代价。而年迈的父亲处处受到母亲的压制，一点反击能力都没有。女儿提到，母亲甚至不允许父亲躺在沙发上。总之，母亲有自己管理家庭的方法，并强行在家中推行，使其变成至高无上的法律，没有人可以质疑。

这位女病人从小非常能干，深得父亲的宠爱，但母亲却总是处处挑剔她、反对她。后来，弟弟出生了，母女关系更加恶劣，到了让人无法忍受的程度，因为母亲对弟弟非常偏爱。作为女儿唯一的靠山，父亲在其他事情上都可以忍耐、迁就，但当女儿的利益受到威胁时，他总能站出来为女儿提供保护。女孩觉得父亲可以依靠，并从心里憎恨自己的母亲。

母女之间爆发的冲突非常激烈，女儿抓住母亲有洁癖这件事大肆攻击。有严重洁癖的母亲甚至要求女用人擦干净她碰到的门把手；女儿却故意邋里邋遢，到处乱走，一有机会就把家弄乱，这样做好像能给她带来特殊的快感。

她的性格和母亲所期望的完全相反，这也证明了性格来自遗传的说法并不正确。如果一个孩子拥有的性格让母亲暴跳如雷，那么这些性格特征的背后肯定有一项有意无意的计划。直到现在，这对母女依然彼此充满敌意，不共戴天的仇恨让人难以想象。

在女孩8岁那年，父亲一直支持女儿，母亲则整天拉着一张脸，尖锐而苛刻地实行自己那一套管理家庭的方法，并异常排斥女儿。女儿心里也充满对母亲的仇恨，总是反抗母亲，并用讽刺、刻薄的话来打击母亲。后来，弟弟患了心脏瓣膜病，家里的情况变得更加复杂。弟弟本来就深受母亲宠爱，生病后更是得到了母亲全部的关爱。从中可以看到，父母双方在对待孩子的态度上一直是对立的，我们的这位病人就是在这样的家庭中长大的。

接下来，这位病人突然得了焦虑症，谁也说不清是什么原因。她之所以生病，是因为她时刻想着与母亲对抗，她的内心因这种恶毒的思想备受煎熬，以至于极度郁闷，觉得自己没有一件事顺心的。后来，她又成了狂热的教徒，但情况并没有好转。又过了一段时间，她的这些恶毒思想不见了，大家觉得是药物改善了她的状况，但实际上是因为她的病情导致她的母亲从进攻转为防守，不再和她针锋相对了。只是，虽然神经焦虑症得到缓解，但却留下了一个后遗症，即她非常害怕雷电。她认为之所以会打雷闪电，是因为她居然对母亲有那么恶毒的想法，她一定会被劈死。可见，当时的她是多么希望自己不再怨恨母亲。

她逐渐长大，变得成熟，美好的未来就在前方。一位老师曾说："这个孩子无论有什么心愿，都能达成。"这句评语对她产生了很大的影响，虽然老师可能只是随口一提，但她却认为是

“只要我愿意，我一定能取得了不起的成就”。意识到这一点后，她和母亲的战争更加白热化了。

到了青春期，她长成了一位美丽的姑娘，并且在适婚年龄得到了很多男青年们的追求。但是由于她刻薄尖酸，每段感情都以失败告终。她曾经喜欢过一个人，那人是她的邻居，比她大很多岁。大家都担心她会嫁给这个人，但没多久，这人就搬走了，她则继续留了下来。从那以后，再没有人向她求婚，一直到她26岁的时候。在她生活的那个圈子里，大家都知道这件事，却没有人了解她的成长经历。从童年时期开始，她便经常和母亲进行激烈的对抗，过程艰辛，因而养成了动不动就吵架的毛病，让人很讨厌。对她来说，只要能主动挑起事端就是胜利，而自己必须不断地追求胜利，因为她母亲的所作所为总是在激怒她。只有激烈的争吵才能让她的虚荣心得到满足，并获得幸福。她渴望在争吵中击败对方，这也为她的行为十分“男性化”提供了充足的证据。

26岁那年，她认识了一位受人尊敬的男性。这位男士并没有被她争强好胜的性格吓退，反倒热烈地追求她，并在任何事情上都对她表示顺从。亲戚们纷纷逼迫她嫁给这位男士，她却反复辩解说自己和这个人在一起并不快乐，不想和他结婚。要理解这一点并不难，只要对她的性格有一定的了解即可。不过，在抗拒了两年之后，她还是嫁给了这个人，因为她相信自己能够掌控这个人，他已经成了她的奴隶。可见，她一直希望自己能嫁给一个对她百依百顺的人，就像她的父亲一样。

然而，她很快便发现自己错了。结婚没几天，丈夫便开始舒舒服服坐在那里，一边抽烟一边看报纸。早晨他去上班，晚上按时回家吃饭。如果饭菜没有准备好，他还会抱怨几句。他要求她干净、整洁、守时，还为她制定了种种规则。这些规则在她看来毫无道理，也不打算遵守。很显然，她和丈夫的关系，与她和父亲的关系根本不一样，她的梦想也由此破灭了。她要求越多，丈夫越不遂她的愿；丈夫越希望她能做好家庭主妇，她越置之不理。她整天一有机会就告诉丈夫，他无权向她提出这些要求，并明确表示她对他毫无爱意。丈夫对此无动于衷，继续向她提出各种要求。这让她觉得自己前途渺茫，无法获得幸福。这个安分守己的男人在追求她时，表现得如此顺从、谦恭，但是在得到她之后，这种顺从和谦恭一下子彻底消失了。

后来，她生了孩子，但她和丈夫的关系并没有得到改善，她还因此得到了一项不得不去做的新工作。同时，她与母亲的关系也不断恶化，因为她母亲总是站在她丈夫那一边。她和丈夫的矛盾不断升级，时间一长，丈夫不可避免表现出粗鲁而愤怒，这更让她有理由抱怨了。总之，她那种让人难以接近的性格直接导致了她丈夫的恶劣表现。而她难以让人亲近的原因，在于她无法遵守女性身份，她觉得自己可以悠闲度日，像女王一样生活，身边还有一名能满足自己所有要求的奴隶陪伴。在她看来，这才是真正有意义的生活。

现在，她能做什么呢？和丈夫离婚，回到母亲身边，并宣告自己的失败？可她并没有能力过上自食其力的生活。对于她这种傲慢且虚荣的人来说，离婚绝对是一种耻辱。于是，她只能忍受双重压力：一方面是丈夫的批评责备，一方面是母亲劝她干净、卫生的唠叨。这让她的生活苦不堪言。

可是，突然之间，她变得讲卫生了。每天她又是洗又是擦又是打扫房间，好像在母亲多年的教诲下迷途知返，最终改正了自己的错误。母亲见她清理垃圾、打扫房间，非常高兴，丈夫也很开心，认为事态有所好转。但她的转变好像过了头，她什么都不关心，全身心地投入到清扫之中，把家里收拾得纤尘不染，并不希望自己被任何人打扰。可是，她却让其他人受到了干扰，如果有人碰到了她洗干净的东西，她一定会再去洗一遍，还不允许他人代劳。

事实上，无休止的清扫也是一种病。这种病常见于对自己身份不满的女性身上，她们这样做的目的在于借助这种完美的卫生品德来提升自己，来证明自己比那些少做家务的人更加出色。但是，她们总是在无意间把家搅得鸡犬不宁，这种女士的家更加凌乱无章。她们的目标其实不是把家收拾干净，而是把家弄得乱七八糟。

可见，一些看起来像是严格履行女性职责的行为，只不过是表面现象而已。这样的案例，在日常生活中非常常见。再说说这位病人吧，她没有女性朋友，和任何人都不能友好相处，也不懂得为他人着想，这些和我们推测的毫无出入。

为了让女孩们有充足的准备，从而更好地适应生活，我们有必要寻找更好的方法来教育孩子。当然，正如这个案例一样，女孩即便是在非常有利的环境中，依然可能会形成与生活无法适应的生活方式。在当今社会，女性低贱这个观点得到了法律与传统的保护，尽管任何懂心理学的人都会否认这一点，我们却不得不承认这是事实。所以，我们必须时刻保持警惕，以识别、阻止类似的错误行为。这样做倒不是因为现在人们尊重女性已经到了病态的程度，而是因为这种错误的态度已经损害了社会生活的整体秩序。

利用这个机会，我们来讨论一下另一个贬低女性的观点，即所谓的50岁左右的“危险年龄”。在这个年龄段，女性的部分性格特征更加突出，而且女性在同一时间会经历绝经这种重要的生理改变。绝经意味着女性痛苦的日子开始了，也等同于她将失去用毕生精力辛辛苦苦建立起来的那点意义。她的身份和地位似乎没有以前那么稳固了，她必将努力去寻求一切有助于维持原先身份与地位的方法。可惜，在人类文明中占据主导地位的原则是，适应当前的情况才是有价值的。所以，上了年纪的老人，特别是走向衰老的女人，生活比较艰辛。完全否认老年女性的价值，不仅仅会严重伤害她本人，同时也会影响其他所有人，因为人类要存活下去，不能只依靠回忆过去的光辉岁月。当一个人的力量和能力不断衰退时，就应当以他年轻时创造的所有成就为依据来确定价值。毫无疑问，如果因为一个人年龄大了，就把她彻底排挤出社会的精神生活和物质生活，这种做法对女性而言无疑是一种贬低和奴役。一想到自己的老年生活会如此凄苦，正值花样年华的少女会产生多少忧郁和担忧？所以，一定要确保女性在50岁以后，也不会失去所有的价值，一个人的价值和荣耀不因为年龄的增长而有所改变。

五、两性之间的紧张关系

人们错误的思想观念，是导致歧视女性等种种不幸现象的原因。人们的成见一旦产生，便会迅速扩展，蔓延至社会各个角落。男尊女卑这一悖论，从一开始就在影响着两性关系，导致一切爱情关系陷入不同寻常的紧张之中，甚至遭遇灭顶之灾。爱情生活就是这样被玷污、扭曲的。之所以很少出现圆满和谐的婚姻，原因就在于很多孩子觉得婚姻是艰苦而危险的。

对女性的偏见很容易遮挡孩子对人生的全面认识，想想有多少女孩把婚姻当成是逃避生活的借口，又有多少男孩女孩把婚姻当成是一种罪过。今天，男性与女性的紧张关系已经引发了相当普遍的问题。问题越来越多，越来越难以解决，仅仅因为女性越是想逃避社会强行赋予她的女性角色，男性越是想要扮演他的特权角色。

想要让男性和女性真正实现平等与和谐，最好的办法就是建立平等的合作关系，并让所有人都认可自己的性别。每一个人都应该好好思考这件事，想想如何建立平等的合作关系。在两性关系中，一个人从属于另一个人就好比一个国家从属于另一个国家，但没有一个人或一个国家甘心长久地忍受这种从属关系。再加上一个人如果不能正确对待自己另一半的性别角色，就可能严重干扰另一半。两性关系在社会生活中必不可少，任何人都必须建立这种关系，所以影响十分广泛。但现在，所有的孩子都被迫接受了轻视或否认另一种性别的行为模式，所以两性关系变得更加复杂。想要解决上面的问题，只有大家都平静下来，开展正确的教育方式才有可能。当今社会存在太多的不利元素并彻底固定了我们的整个人生方向，这些元素包含生活节奏太快、社会太浮躁、真正得到检验的教育方式太少，特别是那些无时无刻无处不在，甚至连幼儿园都有的无数竞争。

很多人会在面对爱情时畏惧退缩，追根究底也是由性格成见造成的。受到性格成见的影响，男性时刻想展示自己阳刚的一面，不惜背信弃义、玩弄阴谋，甚至动用武力。不必质疑的是，这种行为一定会破坏维系爱情的两个重要元素，即坦率和信赖。例如，唐璜就是这样一个人，他通过征服不同的女人来证明自己，因为他对自己的男子气概并不自信。夫妻之间会因为普遍存在的信任缺失，很难彼此坦诚，整个人类都受此影响。此外，过度强调男性气质，意味着无休止的挑衅、刺激、躁动，这些会导致男性养成贪慕虚荣、傲慢自大等恶习。总之，所有的一切都违背了健康、和谐的社会生活。所以，我们根本没有理由反对妇女解放运动。我们的责任在于支持女性追求自由和平等，因为想要妥善解决两性关系问题，想要让人类获得幸福，首先需要让女性认同自己的身份。

六、尝试的改革

男女同校，是改善男女两性关系的所有方法中最关键的一个方法。迄今为止，这种方法仍然遭到一些人的反对，得到一些人的支持，没有得到广泛的认同。支持的人认为，通过男女同校，为男性和女性创造了彼此了解的机会。只有两性了解深入，各种错误的成见及其引发的严重后果，在一定程度上才能避免。反对的人则反驳道，早在入学之前，男孩和女孩就已经出现了很大的差异。如果他们在同一个学校接受教育，只能加剧双方的差距。因为这个时期的女孩在心理上的发展，要比男孩快得多，这必然会使男孩产生压力：他们原本认为他们生来便要承担维护自己的特权的责任，并证明自己的能力在女孩之上，但此时他们突然意识到自己的特权如同泡沫一样脆弱。还有一些研究者也表示，在男女同校的模式中，男孩会用一种紧张的态度对待女孩，并因此觉得自己的自尊受到了伤害。

毫无疑问，这些观点都有自己的道理，不过它们都是建立在两性竞争的前提下，即它们都认为男孩和女孩在一起就会发生竞争，一较高下，看谁更有能力、更有才华。如果连老师和学生都认为，鼓励两性竞争是男女同校的意义所在，那这一制度不可避免地会造成大量不好的影响。实际上，男女同校的目的，是培养男孩女孩的合作精神，是为了日后让他们能在社会中和睦共处而做的准备工作。如果老师不能准确了解这个制度的目的，它必将丧失原来的意义，最终走上不可挽回的失败结局。如果是这样的话，反对这项制度的人就更有理由了，对自己观点的正确性也更加自信。

有才华的诗人，肯定能用他生花的妙笔，精彩而详细地描绘出两性之间的种种不平等状况，而我们只需要清楚了解其中的要点就足够了。大家都知道，步入青春期的女孩行为举止都比较害羞，好像自己低人一等似的。这其实和我们前面提到的生理缺陷引发的自卑类似，不过女孩觉得自己低人一等是环境强加给她的，这是二者的重要差别。在歧视女性的整体环境中，女孩会不由自主地建立一种行为模式，她的表现在某些情况下，让观察力极强的研究员也会产生误解，认为她真的比别人低贱。总之，女性低贱这个悖论通常会导致这样的后果：不管男性还是女性，都极力追求强大的权力，并争着扮演并不适合自身的角色。最终的结果又将如何呢？人类社会将更加混乱，人与人之间无法坦诚相待，并深陷各种错误与偏见中难以自拔，最终也不可能获得任何幸福。

第八章 家庭情况

一直以来，我们都在提醒大家留心一个原则：一定要先了解一个人的成长环境，才能对一个人做出评判；而成长环境中一个非常重要的元素，就是孩子在家庭中的地位。如果能时刻记住这个原则，并掌握一定程度的专业知识，一般来说我们就能清楚地划分出不同类型的人，同时还能看出一些其他特征，如在家里排行老几，是不是独生子女等。

人们很早就清楚，一般来说，家里最小的孩子总是很特别。我们可以从不计其数的神话、传说、圣经故事中发现对这种孩子的描绘看上去都差不多。在成长环境方面，最小的孩子确实和其他孩子不大一样，因为父母总是给他最细心的照顾，毕竟家里其他的孩子已经大了，不需要太多照顾。除了年纪小，他的个子通常也是最小的，所以他是最需要别人帮助的孩子。与他相比，那些哥哥姐姐已经长大了，差不多已经具备了一些独立能力。正因为这样，最小的孩子总能在比较温和的环境中长大。如此一来，他就会形成对他的人生态度有影响的多种性格，他与其他孩子的不同由此产生。

有一点需要特别指出，就算生活在备受宠爱的环境中，年龄最小的孩子也不一定满足于自己的环境，因为孩子一般都不愿意自己成为最弱小的人，也不愿意自己不被信任。在这种观点的刺激下，孩子会极力想要证明自己无所不能，并毫不掩饰地表现出他对权力的渴望。我们观察到，最小的孩子通常会有想打败所有人的强烈愿望，只满足于最高的地位。这样的孩子并不少见，一些最小的孩子会成为全家最有才能的人，超过其他家庭成员；也有一些孩子不那么幸运，尽管也渴望战胜其他人，却被哥哥姐姐打败了，并因此失去了必要的行动力和自信心。最小的孩子一般会在发现自己无法战胜哥哥姐姐后，变得逃避责任，胆怯畏缩，好像一名为了推卸罪责不断寻找借口的被告。但是，他对权力的欲望并没有减少，只是换了一种方式而已。他会从当前的环境中挣脱出来，在人生必不可少的问题之外的活动中实现自己对欲望的满足。这样一来，他就能巧妙地隐藏自己的真实实力，遮掩自己的缺陷。

人们一定能看得出来，这类孩子会让人觉得自己遭到了冷遇，好像他们内心藏着自卑。在研究的过程中，我们总能看见这种自卑，也总能根据这种糟糕的情绪推导出他们心灵发展的特征和风格。在自卑感这件事情上，最小的孩子和有生理缺陷的孩子差不多。实际上，最重要的是他们如何理解自己的处境，至于他们感觉到了什么，遇到了什么事，是不是比别人低贱等等，都不重要。不过，孩子也很容易犯错误，他们在大量的问题和可能性面前会得到各种答案，或者正确，或者错误。

那么教育者该做哪些工作呢？应不应该通过鼓励孩子贪慕虚荣来激励他们的积极性？应不应该督促孩子出风头、争第一呢？答案是不，这样做其实是对人生挑战的应付，是一种不高明的办法。经验已经证实，让孩子勇争第一并不是教育孩子必须有的，相反，更好的做法是告诉孩子，成绩是否优秀、是否独占鳌头并不重要。在人类社会中，有很多那种除了成绩优异其他都不行的人，相信大家着实已经厌倦了。简单来说，从宏观角度和微观个体来说，成绩优异或功成名就，都不能等同于幸福。如果我们反复教育孩子争第一，可能会让他们变得片面、偏激，并失去与他人建立合作关系的机会。

如果我们总是教育孩子争第一，必将带来许多恶劣的后果。其中一个就是孩子会变得只关注自己，成天担心自己会不会被别人超过。因为担心自己被超过，总是提防他人，并在心底隐藏着对别人的嫉妒、羡慕和仇恨。他就像一个加速器，一心想要超过所有人；就像一名赛跑运动员或马拉松运动员，内心充满了激烈的竞争欲望。这一切在他所有的行为中得到了充足的展示，特别是在一些细枝末节方面，例如，他无论何时都要走在队伍的最前边，不能忍受别人在自己前面。对那些还没有掌握以人的种种表现为依据来判断其心灵的人来说，关注这些小细节比较困难。

很多孩子都会有这样的竞争意识，一心想要冲在前面，其中典型的就是最小的孩子。当然，并不是所有最小的孩子都这样，有一些也例外。我们发现，一些最小的孩子比其他家庭成员更加上进，甚至是全家的救星，如《圣经》中的约瑟。人类历史上有很多这样的故事，对我们的研究来说具有很高的价值，因为它的辅助证据效果明显。可见，从那些历史长河中寻找遗失的珍贵史料，完全有必要。

还有一种孩子也非常多见，他们是从第一种孩子当中派生出来的。想象一下，当马拉松运动员面对一道自己认为跨不过去的坎时，他们会采取何种措施？不用说，他们一定会想办法绕过去，避开这个坎。同理，这种孩子也会这么做，面对困难，他们就会丧失勇气，变成懦弱的人。他们会彻底退出人生的战场，好像无法承受为人生奋斗的压力；他们拒绝做一切有用的事情，整天虚度光阴，成为彻底的“借口高手”。这样下去，他们自然会在真实的斗争中必败无疑，他们小心地为自己选择一个确定的活动范围，这里没有任何竞争。此外，他们还总是为失败寻找借口，如自己的力量太小、能力不高，或者受到溺爱，或者哥哥姐姐阻碍了他们的发展。如果他们有身体方面的缺陷，那他们可能会面对更加不幸的结局。因为他们肯定会有更加充足的理由，利用自己的身体问题来解释自己为什么选择逃避行为。

一般来说，这两种孩子都很难交到朋友。第一种孩子为了维护自己的心理平衡而不惜牺牲别人，在这个注重竞争的社会上或许能过上好的生活；第二种孩子则一直生活在自卑的压力下，很难适应生活，自然也很难获得幸福。

通常而言，家里长子的性格特征比较鲜明。首先，他占据着绝对有利的地位优势，这对他的心灵成长大有裨益。很多历史事实证明，长子确实具有巨大的优势，在很多民族、阶层中已经成为一种传统。例如，在欧洲的农场，长子自幼就清楚自己的地位，知道自己有一天会继承农场，这样他就自然会觉得自己比弟弟妹妹要高一等，其他孩子也对自己在某个时候会离开父亲的农场而心知肚明。在其他一些阶层中，长子有一天会继承产业，成为一家之主的观念也很广泛。甚至在一些还没有确定这个传统的阶层，如无产阶级和资产阶级，人们也总是认为长子是父母有力的助手，他们具有充足的能力和常识，可以帮助照看弟弟妹妹。可想而知，一个被寄予如此期望并被安排做这么重要事的孩子，能从中积累多么宝贵的经验啊。正因为这样，他们很可能这样评价自己："你身材更高、身体更壮、年龄更大，所以你一定要比别人聪明。"

如果长子能在这个领域顺利发展，他很可能便成为规则与秩序的维护者。这种人一般都很看重权力，包括他个人的权力和权力观。对于长子而言，权力是有价值的，是值得尊重的。他拥有权力是件顺理成章的事情，不需要任何理由。所以，也不必奇怪，这类人为什么极端保守。

家中次子追求权力的方式同样特殊，他一直在长期的压力下努力追求家中的优势地位，这种竞争态度决定了他的人生路径，他的行为的方方面面都体现了这种好胜心。次子需要面对的状况是，家中已经有人在他之前得到了权力，这无疑对他是一种强烈的刺激。如果次子能提升自己的能力，跟长子竞争，那他就会变得斗志昂扬、勇往直前。同时，原本觉得自己地位很安全的长子会产生危机感，觉得次子会超越他。

老大和老二的竞争，《圣经》中关于以扫与雅各的故事有生动的描述。在这个故事中，两兄弟为了争夺权力及象征权力的那些东西，进行了残酷的斗争。在这类故事中，斗争是不可避免的，一直延续到目的达到，有人失败，才能停止。多数失败者会出现某一形式的神经症。次子的感觉类似于穷人仇恨富人，觉得自己遭到了轻蔑和忽视。而且次子可能追逐的并不是真实的生活，而是一种没有任何意义的想象，因为他们可能确立过高的目标。次子的心灵也必将骚动不安、永无宁日。

独生子也很清楚自己的特殊处境。他完全陷入各种教育方式中，因为父母唯一的选择，就是把所有的教育热情都投放在这个孩子身上。他深受宠爱，习惯逃避遇到的任何困难，希望他人给他指路，因为他人生路上的障碍都已经被清理了。他很容易就觉得自己很重要，因为长时间被身边的人关注。但实际上，他的处境非常危险，难免会犯错。如果他的父母能意识到这一点，还有可能避免一些危险，但这个问题还是很难解决的。

独生子女的父母一般都非常忧心这个孩子，如果父母本身遭遇过一些危险的事情，那更是担心孩子受苦，生怕孩子受半点委屈。可父母的关心和提醒，在孩子看来是一种束缚，让孩子非常厌倦。时间一长，父母无微不至的关怀只会让孩子不胜烦劳，觉得整个世界都和他过不去，人人都在与他作对。面对困难，独生子只会表现得恐慌无助，毫无办法，只因他从小受尽宠爱，只知道生活的甜蜜和快乐，个中艰辛一无所知。每当一个人行动时，他总是遭遇种种困境，最终成为一个无所事事的人，人生的大船也无法航行。他悠闲度日，像寄生虫一样，处处让人照顾。

如果家中有几个孩子，那同性之间或异性之间都可能出现竞争。这种状况比较复杂，很难准确评价每个孩子，所以本文着重选择有几个女孩和一个男孩的家庭进行讨论。在这类家庭中，女性占据控制地位，唯一的男孩只能被挤到大家都不关注的角落里，如果男孩年龄最小，就更是如此了。这个男孩会发现，自己在一群女人的包围中，很难得到她们的认可。他四面受敌，从来不能真正感受到其他男性从人类社会的男性文明中获得的特权。长期无法获得安全感及自我评价缺失，造成了他鲜明的性格特征。在面对女性家人的权威时，他可能会屈从，并认为男人本不该拥有女性获得的地位和尊重。结果，他具有了两种发展可能性：一种是轻易地放弃了自身的勇气与信心；一种是在环境的刺激下奋起努力，拼命闯出一番事业来。这类孩子的发展前景，决定因素就是他自身的处境。

综上所述，我们可以得出如下观点：孩子在家庭中占据的地位，可能会影响他的一切本能、倾向能力等。这也证实了遗传决定人的性格和能力，是站不住脚的，同时也证明它对教育没有丝毫的好处，只有坏处。当然，有时候遗传也能发挥一些作用，如一些家族传承的东西，可能会出现在某个完全脱离父母长大的孩子身上。如果大家还记得我们之前讨论过的一些孩子的发展方向怎么因遗传生理缺陷走向错误的方向，就能比较容易理解这里所讲的遗传问题。如果一个孩子天生身体不好，那他在面对人生与环境的各种要求时，很容易产生紧张感。毫无疑问，如果这些天生的缺陷及对人生的紧张感也存在这个孩子的父亲身上，那人们很可能就会认为这是遗传，认为孩子遗传了父亲的性格特征和类似的错误。从这方面来看，遗传决定性格这种说法并不可信。

由此，我们可以确定，在成长期间，孩子犯下的种种错误中，最严重的错误是渴望超过同伴，渴望追逐能让自己比同伴获得更加强大的权力。可以这样说，在人类社会中，这已经成了孩子的固定发展模式。想要阻止这种错误的发展趋势，就一定要弄明白孩子在成长期间会遭遇什么阻碍，这些阻碍究竟意味着什么。有一个战胜这些阻碍的有效方法，就是大力推荐社会感的发展。但由于社会感在人类文化中没有多少机会可以得到发展，孩子自然不可避免地遇到各种阻碍。如果能认识到这一点，我们就能更加容易地了解一些现象，如为什么有的人为了个人生活而终生努力，而有的人却觉得生活就是一种折磨？这些人属于追逐权力的牺牲品，正是在这种强烈欲望的驱使下，他们才形成了错误的人生态度。

在评价他人的时候，一定要客观公正，尤其要避免评价任何人的道德或道德观。相反，我们要利用所掌握的心理学知识来创造社会价值，对于走上错误道路的人，要满怀同情，因为我们能更加深刻地了解他的心理。这样一来，我们就能改良、提升当前的教育，我们在教育方面会有新的突破，并能找到错误的真正源头。此外，通过解析个人的心灵构造与成长经历，还能帮助我们看清过去，并推测未来。可见，这门学科确实能让人了解人。在我们看来，人是鲜活的、自然的个体，并非苍白而模糊的概念。和普通人相比，我们能对人的社会价值了解得更加深刻且富有意义。

第二部分

性格的科学

第一章　概述

一、性格的实质和源头

在这里，我们所说的性格指的是个人在努力适应外界的过程中所展现出来的一种独特风格。作为一个社会概念，性格存在于个体与他所处的环境产生互动关系的时候，所以问鲁滨孙·克鲁索这类人的性格是什么样的，没有任何意义。性格是一种心灵现状和态度，是在个体与自己所处的环境发生关联时，表现出来的一种性情与内涵。性格也是一种行为模式，个人发展社会感、追逐优越感就是依据这个模式发展的。

个人的最终目标就是占据优势、追逐权力，以及超越其他人。大家都知道，在这个目标的鼓励和指引下，个人才能够前进。这个目标不但决定了个人的世界观和行为模式，还与个人的各种心灵活动合为一体，形成独一无二的风格。借助对个人性格特征的了解，我们就能大致明白这个人对待自身处境、伙伴、社会的态度，以及如何对待来自生存的挑战，因为通过性格，个体的生活方式与行为模式得以从中展现。为了获得认可并占据关键地位，个体的总体人格会利用性格作为一种工具和方法，因为性格在人格中的地位差不多相当于生活技能。

正如很多人想象的那样，性格并非来自遗传或上天恩赐的，而是与生存模式类似。每个人都会因为这个生存模式而拥有属于自己的独特人格，让大家能在任何状况下继续生活，没有任何顾虑。所以，性格是在维持特性的生活习性的过程中逐渐形成的，跟遗传和上天恩赐没有关系。例如，一个孩子非常懒，但这并不是天生的，而是对于这个孩子来说，懒惰能保全他的优越感，让他可以轻松地生活。从一定程度上说，懒惰体现了这个孩子追逐权力的态度和方法。又如，有一些人很愿意将自己的先天缺陷暴露在别人面前，他们觉得“如果没有这个缺陷，我一定也能凭借自己的能力取得成功，真是可惜啊”！显然，他们是想通过这种方式保全自己失败的颜面。还有一些人，狂热地追求权力，因为无休无止地与自己的处境抗争，他们在这一过程中，形成了一系列独特的性格特征，如野心、嫉妒、怀疑等。在我们看来，这些性格特征既不是遗传的，也不是不可改变的，和人格没有什么两样。进一步的研究表明，性格特征是在行为模式的基础上建立的，有些性格特征在出生后就迅速形成，但它们并不是原生元素，而是人格内部隐藏目标引诱产生的次生元素。所以，在确定某种性格特征时，要先弄清楚引诱某一性格产生的目标。

回顾总结一下上面的讨论，我们已经证实了一点，个体的生活方式、活动、行为，以及世界观，全都和他的目标紧密关联。如果内心缺少明确的目标，一个人就不能思考和行动。正是因为个人生命中所有的活动与表现都存在这样一个必然且特殊的目标，每个人才能成为与其他人不同的人，成为有独立思考能力、独一无二的人。如果能承认这一点，我们便能了解，只要了解了个人的目标和行为模式，就能帮助我们认识这个人，了解他的行为所隐含的真正含义。

对于心灵表现与性格特征来说，遗传发挥的作用少之又少，因为我们很难在真实生活中找到证据，来证明性格来自遗传。不过，如果我们对个人心灵活动的一些现象追根溯源，就会发现好像这些确实是代代相传的。但实际上却是，由于成员之间的彼此模仿和认可，同一个家族、国家或种族会形成一些相同的性格特征。人的心里与心灵中确实存在一些事实、特征、表象或形式，这些事情能刺激人类的模仿行为，也因此对孩子们意义重大。例如，求知欲，在某种程度上会表现为对看的渴求，从而刺激视力存在缺陷的孩子的好奇心。但并不是每个孩子都能形成相同的性格特征，因为他们具有不同的行为模式。受行为模式的影响，有视力缺陷的孩子既可能形成观察细致、追求真理的性格，也可能形成呆板的性格。

我们也可以用相同的方式来分析视力存在缺陷的孩子的不信任态度。在社会中，这种孩子一般会比普通孩子遭遇更多的危险，他们必须将自己的感官变得异常敏感，以便感知危险。此外，他们时常遭受到歧视、讥讽，并被当成是残疾人，都会造成他们的不信任态度。这也很容易理解，他们会对很多人生乐趣怀有仇视态度，他们因为自身的缺陷而无法享受这些乐趣，这也能说明，那种认为他们生来就有不信任态度的观点并不成立。同理，认为犯罪的人所具有的犯罪性格是天生的，也是不成立的。由于有的家庭中有好几名成员犯了罪，有的人就坚信犯罪性格来源于天生或者遗传，这种观点也是不成立的。事实是，这样的家庭对世界形成了错误的态度，并将这种态度在家庭中树立了典范，创立了传统，孩子从小受到影响，顺理成章地将盗窃等不良行为当成是谋生的手段。

追逐认同与优越感的方式也是这样的。每一个孩子都会追逐各种优越感，并在成长期间遭遇很多的难题。而且，不同的人追求优越感的方式也是不同的，每一个孩子都有自己独特的方式。在追求优越感的过程中，孩子会将身边具备一定影响力、被人敬重的人作为理想的榜样，因此我们也能轻易地解释孩子为什么会和父母性格相近。每一代人都通过这种方式向前人学习，在努力追求权力期间，再将这些东西传承下去。

由于社会感不允许公开追求优越感，因此它变成了一个隐秘的目标，即对优越感的追求应该在背地里，躲在友好的面具后面悄悄进行。不过，有一点务必再次强调一下：如果人们能加深对彼此的了解，就不会如此强烈地追求优越感；如果每个人都独具慧眼，能深入了解他人的性格，就能更好地保护自己，还能给人一种感觉，即追求权力徒劳无功，由此也能压制住他人对权力的欲望。总之，如果我们能做到上面那些，就能消除人类内心深处对权力的极端渴望。因此，只要深入研究人们的各种表现、人们与世界的各种关系，并有效利用研究中已经取得的成果，我们就能取得不错的成果。

人类的文化环境相当复杂，因此只依靠学校教育，个人是很难游刃有余地解决人生中种种问题的。客观来说，学校教育是培养心灵、增加智慧的最佳方法，因为一般人要做到这些很困难。可是，迄今为止，学校教育的唯一价值就是，将刻板的知识原封不动地呈现给孩子，任由孩子愿意掌握什么，就掌握什么，而并不重视激发孩子的学习兴趣。相比人类社会的需求来说，那种理想的学校就算存在，数量也还是太少了。此外，我们还忽视了一个问题：在理解人性方面，最重要的前提条件是什么。在旧式学校里，我们学会了评判他人的标准，学会了如何明辨善恶、对错，却没有学会如何调节、纠正自己的观点。每个人都不可避免会有这样的缺陷，而这个缺陷的恶劣影响一直延续至今。

童年时期产生的成见和错误，被我们一直当成了神圣的不容违背的固定规则，成年后还在继续沿用。我们至今没有意识到，我们已经被复杂的文化干扰了；也没有意识到，我们心目中能将真相揭露出来的思想，实际上半点实情都没有表露。总之，我们之所以会对所有的事情不停地解释，仅仅是为了提升自己的自尊，增加自己的权力。

二、社会感对性格发展的重要性

除了对权力和优越感的极力追逐，社会感在性格发展中也发挥着重要的作用。同追逐优越感类似，社会感在孩子最初的心灵活动中就已经体现出来了。比如，孩子都很渴望与其他人待在一起，很想从别人那里获得温暖，就是很明显的例子。简要回顾一下之前我们对发展社会感的种种条件的讨论。社会感既受到自卑感的影响，也受到对权力的追求（弥补自卑感）的影响。人类极易产生各种各样的自卑情结，在人类心灵发展中，自卑感一露出头来，那种追求弥补、安全和完善的欲望就开始准备行动，目的就是为了牢牢把握人生的宁静和幸福。以关照孩子的自卑感为基础，在孩子的教育中出现了大量的行为规范，总结起来大概有以下原则：一定要为孩子创造更多体会生活快乐的机会，而不是让孩子过早地了解生活的残酷，过多地体会生活的残酷。不过，只有具备一定的经济条件，才能达到这种要求。可话又说回来，孩子的成长环境总是残酷的，虽然不是必要的，也就是说孩子所遭遇的误会、贫困、匮乏等状况，是可以避免的。同样的，生理缺陷也会发挥重要的作用，因为它会造成反常的生活方式，让孩子觉得他只有得到特殊对待与特殊法律的保护才能生存下去。但是，就算我们给有生理缺陷的孩子提供一切他所要求的，他仍然会感到生活的艰辛，并对生活产生厌恶，他的社会感也将受到歪曲，他所处的环境也将变得更加恶劣。

想要正确评价一个人的思想和行为，想要正确判断一个人的价值，就要看他具有多少社会感。我们坚持这样的思想，是因为每个人都必须在人类社会中与社会保持联系。从中我们可以了解到，我们每个人对自己的同类都应该承担一定的义务和责任。我们生活在人类社会中，受到社会生活规律的支配，因此我们在评价一个人的价值时，一定要根据某种公认的标准。我们认为，一个人社会感的发展程度，是评价他价值的标准，而且是唯一的放之四海而皆准的标准。我们不可否认，人类对社会感有很大的依赖性，没有人能完全割裂社会感，社会感随时随地都在提醒我们，我们不管有什么原因都应该对同类负责。当然，这并不是说我们的意识在任何时候都无法摆脱。不过可以肯定的是，任何想歪曲社会感或彻底摆脱社会感的人，都会遭遇很多困难，必须要有某种程度的动力才行。社会感无处不在，因此人们在真正采取行动之前，需要借助社会感为其合理性做出证明。为了满足潜意识里社会感的要求，我们需要证明自己所有的行动和思想都是合理的，可以说，所有人都会想尽一切办法来为自己的做法寻找合理的依据。于是，人们便在生活、思想、行动中发展出种种特殊的方法，满足自己的社会感，或者能利用社会关系欺骗自己和他人。综上所述，在人身上存在着一种像面纱一样的冒牌社会感，它遮住了人们的一些倾向。只要我们能透彻了解这些倾向，就能正确评判一个人或某一行为。这种欺骗性质的假象，让我们对社会感的评判变得越发困难。正是因为这种困难，在人性的研究过程中，我们一定要小心地证明，并运用严谨的科学方法。下面，我们来列举几个案例，以说明社会感遭到歪曲的过程。

有个年轻人曾说，自己和几个伙伴在大海里游泳，游到了一个座岛上，稍做休息。有一个伙伴斜靠在悬崖边，结果一不小心失去平衡掉入海中。年轻人身体前倾，怀着极大的好奇心看着伙伴掉了下去。之后，每次回忆起这件事，他都不认为自己是因为好奇才这样做的。掉到海里的伙伴最终得救了，真是幸运。可以确定，讲这个故事的年轻人的社会感一定很弱。据了解，他从来没有伤害过别人，平时和伙伴们的关系很好。可即便这样，我们也无法相信他是一个具有强烈社会感的人。不过，这只是一个大胆的假设，还需要更多的事实来进一步证明。

这个年轻人经常会做一个梦：他远离人类社会，被关在一个森林内部的漂亮的木房子里。这个场景也是他非常喜爱的绘画题材。这个梦其实可以再一次证明他缺乏社会感。我们只要了解这个梦的意义，清楚他的成长经历，就能轻易地了解这个年轻人。在不带丝毫道德批判的情况下，我们完全可以判断，这个年轻人的社会感因为他的错误发展方向而严重受阻，发展得并不充分，他将来必然会因此而面对很大麻烦。这样的评语，对他而言再适合不过了。

有一则趣闻，能充分说明真假社会感的本质差异。一位老太太在上公交车时，滑到在雪地里无法起身。但来来往往的路人就像没有看见她一样，仍然匆忙地赶路。后来，一个男人走过来扶起了老太太。旁边有个人立马跳出来，对他说："谢天谢地，总算有好人出现了。我在这里站了5分钟，就想看看是否有人把老太太扶起来。你是第一个这样做的人。"从这件事可以看出，某些人是如何打着社会感的旗帜做事的。这个男人的伎俩一眼就可以看穿，他凭此把自己当成高高在上的法官，评判他人的功过。至于他自己，却只愿意袖手旁观，从未想过要帮助别人。

还有一些状况比较复杂，比较难判定社会感的强弱以及真假。遇到这种情况，想要弄清楚真相，只有一个办法，就是仔细观察、分析。比如，有一种情况，将军在明知不可能取胜的情况下仍然逼迫士兵做无谓的牺牲。虽然将军这样做是为了国家的利益，并得到了大多数人的赞同。但在我们看来，他绝对不能成为一个好的合作对象，尽管他为自己的行为罗列了很多的理由。

我们需要站在一个广泛适用的立场上，才能在面对这些难以确定的情况时做出正确的判断。这个立场一定要符合社会利益和民众的幸福，如此我们才能降低判断特殊情况的难度。

一个人的社会感是强还是弱，体现在这个人的一举一动中，包括他如何看待他人、如何与他人握手、如何与他人交谈等。借助这种方式，个体的整体人格得以展现，并让人印象深刻。我们通常凭借对他的言谈举止的直觉，就能了解这是一个什么样的人。凭借直觉对一个人的言谈举止做出判断，有可能会成为影响我们对这个人的态度的决定性因素。所以，这里的一切讨论都是为了在意识领域引入直觉，然后对其进行检验、评估，以便未雨绸缪。减少错误的成见对我们的影响，便是从无意识向有意识转变的关键和价值所在（在无意识中，我们无法控制自身行动，也没有机会修正自己，所以如果不纠正错误的成见，我们受无意识驱使做出的错误判断，就会越来越错）。

在此，我们有必要重申一下，只有了解了一个人的成长经历和生活环境，才能公正地评判他的性格。如果我们曲解了一个人的某一个人生观，并仅仅依靠这个来判断，如仅仅以他的健康状况、生活环境或教育水平为依据，得到的结论必然是错误的。

我们在这里探讨的内容非常有价值，因为它能直接且很大程度上减轻人类的负担。如果我们能更加深入地了解自己，掌握一定的生活技能，那一定能建立某种与本身需求更加符合的行为模式。这种方式对个人，特别是孩子影响巨大，它能让他们发展得更好，并帮助他们摆脱让人无处承受、甚至崩溃的、没有目的的命运。一个人如果能正确运用这里所探讨的内容，就不会因为不幸的出生、生理缺陷或恶劣的环境而终生备受折磨，我们的文明便会向成功迈出关键的一步，新一代将勇敢而自觉地成长起来，意识到自己的命运自己掌控。

三、性格发展的方向

一个人的主要性格和他在童年时期心灵发展的方向是一致的，不过发展方向有可能是笔直的，也有可能是迂回的。在刚开始，孩子努力实现目标的路径是笔直的，并能在这个过程中养成上进又勇敢的性格。性格在成长的初期，通常都具有直线特征，可是由于在成长期间，孩子一定会遭遇很多不能跨越的阻碍，并成为孩子在追求优越感路上的拦路虎，性格很容易就遭受到扭曲。为了避开这些阻碍，孩子会采用迂回的方法，而这种方法直接决定了他的性格。其他诸如身体缺陷、遭受排挤，以及进攻的性格等发展期间的其他阻碍，也会对孩子产生相似的作用。同样影响人性格发展的因素，还有社会整体环境、社会风尚、教师等因素。一般来说，老师的一些做法，如向学生提出要求或疑问、向学生表达自己的关怀等，因其中所包含的人类文明所赋予的所有人生责任，所以同样会对孩子的性格产生影响。一切教育都是将精心设计好的原则和态度教给学生，都是为了让学生沿着当代社会生活和文化的主要发展方向，发展自身。

在成长期间，性格的发展直线会遭受到阻碍。任何一种阻碍都有可能导致孩子追求权力目标的直线发生偏离，只是偏离的程度不一样。一般孩子刚开始会正视遭遇的阻碍，态度也不会发生改变。但很快他就会改变，知道火会伤害人，所以要防火，还清楚要小心应对危险的敌人。这之后，他就走上了曲折的心路历程，直截了当被心机取代，以此获得他人的认可与权力。他的总体发展直接决定了偏离的程度，上面所说的那些元素决定了他是否谨慎过度，是否认为自己的所有行为与生活要求相符。那些胆怯懦弱的孩子，本身就发生了彻底的改变，再也无法找回当初的勇敢，因为他失去了直面使命和困难的勇气，以至于无法与他人双目对视或不敢说真话。相同的道理，做不同工作的两个人可能拥有同一个目标，这类孩子和勇士有着同样的目标。

一个人从某种意义上看可能拥有两种不同的性格，最容易拥有两种性格的孩子是那些还没有确定自己发展方向的孩子。他们看待问题的角度没有定型，不想在一条路上坚持到底，并因首次失败就主动探索其他道路。

创造宁静、和谐的社会环境，是让孩子拥有适应社会要求的能力的基础，因为教导孩子和身边的环境和睦相处、适应社会是一件非常简单的事情。父母一定要将自己对权力的追求欲望降低到最低的限度，并避免给孩子太大的压力，只有这样才能为孩子创造真正和谐的家庭环境。父母只有在一定程度上了解了孩子的成长规律，才能让孩子的直线性格发展避免太过激烈的转变，如勇敢转变成无耻、独立转变成极端自私等，这是唯一一个可能有效的方法。这样做还能让孩子避免因为外部的强权而留下终生难以磨灭的印象，以至于变得温顺无比，如同奴隶一般。在教育孩子的过程中，如果父母完全不了解孩子的成长规律，总是采用强迫方式教育孩子以建立自己的权威，就可能会让孩子变得自闭、沉默，不敢面对现实，不敢承担由直率造成的各种后果。总之，强迫孩子服从是一种错误的教育方法，它只会造成违心的服从，一种表面的现象。孩子与身边环境的关系、在成长期间遭遇的阻碍等，会对孩子的总体内心世界和总体人格产生直接的影响。但是孩子的能力太弱，还不能判定外部的影响，可惜的是，父母也完全不清楚或不理解这些影响。在这种情况下，孩子只能自己面对这些阻碍，并做出一定程度的反应，从而渐渐形成人格。

此外，根据不同的人用不同的态度对待阻碍，可以将人分为几种类型。第一种是乐观的人，他们的性格基本遵循了直线发展，他们无论遇到什么困难，都能勇敢面对，完全不在乎困境；他们乐观、自信，悠闲对待人生。由于对自身能力非常清楚，他们对生活没有太高的要求。不过，他们也不会轻视自己，不会因为犯过的错而悔恨不已。因此，相比那些遇到困难就胆怯的人，乐观的人更能用轻松的态度面对人生的种种问题，甚至能坦然直面最残酷的困境，并对未来充满信心。

只要观察一个人的言行，就能判断他是否乐观。乐观的人通常表现为不惧怕任何事情，说话没有顾忌，做事有礼有节，更生动的说法是他能张开怀抱时刻准备拥抱朋友。乐观的人很有亲和力，也很容易交到朋友，因为他很少有或者根本没有戒心和疑心。他讲话直率，行为、姿态毫无做作之处，轻松自然。不过，日常生活中却很少有完全乐观的人，这样的人可能只存在于纯洁的童年时代。只要一个人具备一定的乐观精神和社交才能，我们就可以称之为乐观了。

与此相反的另一种人就是悲观的人，如果这种人的教育出了问题，很难解决。由于小时候的经历和记忆，悲观的人很容易产生自卑情结，当他们遇到困难的时候更容易生出生活艰辛的感觉。他们总是因为悲观的情绪只关注生活的黑暗面，原因就在于他们小时候受到的错误待遇。跟乐观的人相比，悲观的人更容易感受到生活的困难，容易失去勇气与安全感。在缺失安全感的折磨下，他们总是渴望获得他人的帮助。他们的种种行为，清楚地表明了他们对这种帮助的欢迎。例如，他们不能自己一个人待着，小时候只要妈妈不在身边，他们就会哭喊着找妈妈，甚至到了晚年，还不能消除这种哭喊带来的印象。

悲观的人一般都非常谨慎，甚至到了反常的地步，他们常常胆怯而顾虑，反复思考种种可能出现的危险。他们一般睡眠质量很不好，其实睡眠是一种很好地衡量一个人发展的尺度。那些安全感缺乏的人、过度谨慎的人，都会睡不安稳。为了躲避生活中的危险，这类人似乎在所有时间都保持着高度警惕，甚至在睡觉的时候也是如此。他们的生活乐趣非常匮乏，对生命的理解非常浅薄。一个人如果睡眠不好，那他的生存能力就会降低；如果他担心的事情得到证实，那他肯定更加睡不着了，因为生活果真如他所担忧的那样悲惨，睡眠于他而言自然就成了奢侈且没必要的事。悲观的人因为没有做好应对生活的准备，才会抗拒睡眠等自然现象，他的睡眠问题其实和睡眠本身没有什么关系。如果一个人总是担心门没锁好，经常梦到晚上偷东西的小偷、抢东西的强盗，我们也能依照这些判断此人具有悲观的倾向。另外，睡觉的姿势也能作为评判，悲观的人总是喜欢将身体蜷作一团，或者用被子蒙着头。

此外，还可以把人分为攻击型、防御型两种。攻击型的人行为激烈、豪迈，如果拥有足够的勇气，这类人就可能变得非常莽撞，而这刚好表明了他们缺乏安全感。为了冲淡内心的担忧和恐惧，这类人便会在陷入忧虑的时候变得强悍和冷酷。他们装腔作势，假装自己是真正的男子汉，甚至刻意到荒谬、令人发笑的程度；他们中的一部分人更是费尽心思地避免自己有丝毫温柔的情感，因为他们认为一切温柔的情感都是懦弱的行为。这类人很可能表现出野蛮、残酷的性格，如果还同时兼具悲观主义倾向，那么与他们周围环境的一切关系都会因为这个倾向而改变。他们会与整个世界为敌，缺乏同情心和合作能力。与此同时，他们还非常骄傲和自大，自我感觉非常良好，好像自己就是一个成功者一样。然而，他们所做的一切都那么赤裸裸，行为是那么夸张，如同建在流沙上的楼房一样，不但造成他们无法与世界和谐统一，还暴露了所有的性格。他们的攻击型性格就是通过这种方式确立的，还可能不断加剧。

由于人类社会对这样的人没有好感，也不喜欢他们这种露骨的作风，因此他们的人生一般很难一帆风顺。他们开始努力为自己的优越感而奋斗，但过不了多久就会与人发生冲突，特别是和他们同类的人，因为刺激了他们的竞争意识。毫无疑问，对他们而言，生活就是一场争斗，无休无止。他们一旦遇到不可逆转的失败，曾经因成功而获得的喜悦便转瞬消失殆尽。可以说，这类人很容易因恐慌而不知所措，也没有多少竞争力，并缺少东山再起的能力。

防御型人的发展，会因为前进路上的挫败而改变方向，朝着认为自己受到了侵犯的性格类型发展。拥有这种性格的人，总是觉得自己被侵犯了，时常处于防御的状态。他们弥补自己安全感缺乏的方式，不是进攻，而是担忧、戒心和懦弱。值得注意的是，这类人与刚才描述的攻击型性格的人有很密切的关系。当攻击无法进行的时候，攻击型人格就会转变为防御型人格。防御型性格的人面对困境时很容易丧失勇气，选择逃避，这是他们从困难中推导出来的悲观情绪的结论。有时候他们为了遮掩自己的缺陷，会假装自己是为了做其他的更加有意义的事情。

因此，当这类人专注地回想过去，或胡思乱想的时候，就是他们为了逃避现实对自身造成危害的时候。其中一部分人在彻底失去上进心后，还能做一些对社会有益的事情。例如，很多艺术家就属于这样的人，他们摆脱现实，运用想象为自己构建一个没有任何束缚、理想的世界。不过，这种人毕竟只有少数，只是防御型人出现的特殊情况而已。一般来说，防御型人很容易在困难面前选择屈服，并且一而再、再而三屈服。他们认为，这个世界只存在敌对这一样东西，所以总是害怕一切人和事。

这类人由于总是在社会中被错误对待，他们的防御态度也就越来越强烈。遗憾的是，用不了多久，他们就会对人类美好品质与生活失去信心。他们身上有一个广泛而最具代表性的特征，那就是不加遮掩的批评态度。他们会把批评态度发展到极其强烈的程度，并相当敏锐地感受到他人的不足，哪怕是最隐秘的缺点。他们从不为周围的人做一点有意义的事情，却整天自认为是人性的法官，对别人的缺点吹毛求疵，徒增他人的烦恼。他们对一切事情都心存质疑，态度焦躁而迟疑，并在所有的工作面前犹豫不决，似乎不愿意做出任何决定。用一个形象的画面来描绘这种人，就是一个人举起一只手做出防御的姿势，又用另一只手蒙着自己的眼睛，以避免亲自看到那些恐怖的危险。

此外，这类人还拥有一些惹人讨厌的性格特征。大家都了解，一个连自己都不信任的人是不可能信任别人的，而且他们肯定会心生妒忌与贪婪。一般来说，质疑社会的人会选择远离社会、独自生活，因为他们既不愿意与他人分享快乐，也不愿意看见别人的快乐，甚至他们会因为别人的快乐而感到痛苦。他们中的一些人可能会凭借一种总能发挥作用的方法，来得到某种优越感，并超越他人。为了维持这种优越感，他们可能还会不惜一切代价建立某种非常复杂的行为模式。如此，他们对同类的深刻的憎恨之情，就不会从表面上展现出来了。

四、过去的心理学流派

不可否认，就算不具备人性研究学科的专业素养，人们也能通过其他途径来了解人性。常见的做法是，在心灵表现范围内确立一个单一的点，然后根据这个点，对人类进行划分。例如，把一些人划分为沉思类，因为他们总是沉迷于幻想，无法融入实际生活，也很难积极参与实际行动。相反，另一类人却不想在思考上花费太多时间，更别说沉迷于此了，他们往往会积极主动、实事求是、勤奋地经营自己的人生。这两类人都确实存在于生活中，可是，如果我们认同和接纳这一心理学观点，那我们的研究很快就会结束，并得出跟其他心理学家相同的结论：第一种人的想象力得到了更好的发展；第二种人的工作能力得到了更好的发展。这样对人类的简单划分，肯定不能满足真正的科学要求。我们需要有更加准确的概念，来说明人类如何做出种种表现，以及有没有必要发生，能不能避免或者缓和。所以，上述分类方法是缺少科学依据的，是一种浅薄的方法，尽管站在人性科学的理智角度分析，上述种种确实是存在的。

个体心理学抓住了一个重点，即童年时期是一个人心灵表现的开始。个人心理学认为，不管从总体还是从个体来看，这些心灵的表现都能分为两类，一类是以社会感为主，另一类是以追逐权力为主。这个论点意味着个体心理学已经掌握了一把钥匙，就是用一个简单的概念为依据，揭开人性的秘密。这是一个非常有价值的重要概念，能适用于广泛的范围，依靠这个为依据，就能对全人类进行分类。很明显，心理学家在研究所有的病例时，都要有小心谨慎的态度，及掌握某种程度的技巧。在这个基础上，我们才能得到一个标准，证实心灵现象符合以下两种状况中的一种：一种是以社会感为主，仅仅掺杂了少量的对权力的追逐；另一种是以个人的野心与利益为主，只愿意自己获得巨大优越感之后才帮助他人。这个方法降低了我们的工作难度，并能让我们更加确切地了解之前被误会的一些性格特征，还能让我们依据这些性格特征在总体人格中占据的位置，判断出它的实际价值。只有我们全面了解了一个人的性格特征或行为模式，才相当于我们找到了一个可行的方法，来帮助这个人纠正其行为中的错误。

五、气质与内分泌腺

“气质”这个词非常有历史渊源，它是一个用来划分人类心灵特征与表现的概念。但到底什么是“气质”，人们一般却很难说清楚，它是一个人思考、说话或行为的灵敏程度？还是一个人在工作过程中表现出来的力量或节奏？通过研究，我们发现心理学家们对气质的描述没有足够的让人信服的证据，所以不能广泛使用，但必须承认的是，“四种气质”理论一直作用于科学领域。人们在很久以前就开始对气质进行分类，早在那个时候对心灵的研究也已经开始。准确来说，这种对气质进行划分的方法起源于古希腊，当时，希波克拉底将气质分成了四类：多血质、胆汁质、抑郁质，以及黏液质。后来，罗马人继承了这种划分方法，并一直沿用至今。作为一笔珍贵、神圣的文化遗产，这种划分方法在现代心理学范畴内仍然放射出灿烂的光芒。

一般来说，多血质的人总是很快乐，生命中充满了积极的元素，他们不会过于看重哪件事，或者沉浸在愁苦之中不能自拔。他们凡事都能看到快乐、美妙的一面。当哀伤来临时，他们也会哀伤，但不会被哀伤打败；当快乐到来时，他们也会很快乐，但不会在快乐中失去理智。这类人属于心理健康的人，身上没有任何严重的不足，但对其他三类人我们就不敢这么确定了。

如果想对多血质、胆汁质的人进行形象的描述，结果如下：面对前进道路上的石头，多血质的人会悠闲地绕开，而胆汁质的人则会用力把石头踢到一边。用个体心理学的话来描述胆汁质的人，就是他们的态度看起来非常强硬，对权力的渴望极为强烈，且他们随时都想展现自己的理论，喜欢用直接的方法来处理难题。其实，从童年开始，这类人就已经表现出强硬的做派，当时他们非常脆弱，缺少权力感，所以亟须不断展现自己的力量，以判定自己真的拥有这种力量。

和上面两种人相比，抑郁质的人则表现出完全不同的印象，还是用刚才的石头来比喻，看到石头后，抑郁质的人会想起自己的所有过失，为去世的人伤感悲哀，甚至可能调头回去。在个体心理学中，这类人被当成是典型的犹豫型神经症的代表。他们对解决难题和迈步朝前没有丝毫信心，不喜欢接纳新事物，宁可原地踏步（就算前进，也会小心翼翼）。在他们的人生中，疑心扮演着主要的角色。他们很难融入社会，也很难体会生命的丰富多彩，因为他们总是关注于自身，而非他人。他们要么沉浸在过去的回忆中，要么翻来覆去自我剖析，根本不理会这样做的无意义。总之，他们完全被自己的喜怒哀乐困住了。

黏液质的人往往是生活中的旁观者。他们经历过说不清的人生场景，却全无心得，转眼即过。他们对任何事物都不感兴趣，也不与人结交。总之，他们与生活几乎没有联系，可能是四种气质中最远离人生责任的一类人。

我们可以根据这个得出一个结论，只有多血质的人才是尽善尽美的人。然而，绝大多数情况是一个人身上混合着两种甚至更多的气质，所以很难对一个人的气质进行非此即彼的准确划分，这一点足以证明气质理论完全站不住脚。更何况，种类和气质都不是固定不变的，不同气质之间会相互转化。这种情况经常在日常生活中出现，比如有的人小时候是胆汁质的人，长大后却变成了抑郁质的人，最后在人生的尽头，他们又可能拥有了黏液质的特性。不过，多血质的人发展比较稳定，因为他们在童年时代多有自卑感和重大生理缺陷，而且性情沉稳，所以他们在人生道路上一直满怀热情，脚踏实地。

不过，站在现代科学的立场来说，气质理论很难让人信服，因为科学研究表明是内分泌腺决定了人的气质。医学的最新成就就是对内分泌腺重要性的确定。内分泌腺包括甲状腺、脑垂体、肾上腺、甲状旁腺、胰腺、睾丸与卵巢的间质腺等。直到现在，我们都不是很清楚这些内分泌的具体功能，却明白尽管它们不具备输送管道，也能将分泌物直接输送给血液。

现在，有一个观点已经获得了大多数人的认可，即血液会将内分泌物输送到人体的每一个细胞中，所以在生长及活动时，人体的所有器官都会受到内分泌的影响。这些内分泌物对生命来说是不可或缺的，相当于催化剂和解毒剂。可是，我们还没有全面认识内分泌，这方面的证据和资料远远不够，毕竟这项研究才刚刚起步。不过，既然这门新学科已经建立起来了，还声称内分泌物决定了人的性格和气质，那它就有可能影响心理学在性格和气质方面的研究，我们也有必要多说两句。

先来看一个反对的观点。如果一个人患有甲状腺机能低下引起的呆小病，不管他有什么症状，在具体表现上他都会和黏液质的人有很多相似的地方。从外部症状看，这类病人往往浑身肿胀、发质很差、皮肤异常粗糙、行为不灵敏且无精打采。他们的心灵敏感度会显著降低，几乎失去了所有的主观能动性。不过，如果将一个甲状腺健康的黏液质人，和一个呆小症病人做比较，那我们应该看到的是两种不同的性格特征和表现。因此，我们不能说甲状腺分泌不足是黏液质形成的原因，只能说甲状腺分泌物中可能存在某一种物质，有利于心灵保持正常的活动。

病理性黏液质和我们通常所说的气质型黏液质完全不同。心理学角度的黏液质和病理性黏液质人，在性格、体征方面存在差异，因为前者与个体的心理发展息息相关。心理学角度的黏液质人具有深刻而强烈的惊人反应，绝对不属于宁静祥和的人，而且他们的气质很容易发生改变，终生都是黏液质的人是不存在的。

此外，对这类人来说，这种气质只不过是一种人为制造的外衣，是过度敏感的人为自己建立的防御工程和堡垒，以便让自己远离外部的环境。由此可以想象，这类人心底可能一直就存在一种固执的想法，希望营造一种能够保护自己的环境。总之，黏液质是一种防御机制，是对人生发出的挑战的一种别有用心的回应。从这个角度来说，黏液质和那些由于甲状腺机能低下而引起的呆小病完全不是一回事，后者以缓慢、懒惰、功能缺陷等为表现症状。

有一些人既有甲状腺分泌不足的症状，又有鲜明的黏液质特点，这让人觉得是内分泌失调直接导致了黏液质的产生。但就算在这种情况下，我们仍然坚持，心理学角度的黏液质和因甲状腺功能低下而导致的病理性黏液质，是完全不同的。不过，问题的关键在于，是甲状腺分泌不足引发了大量复杂的结果，而不是区分各种不同的黏液质。比如，一个甲状腺功能低下的病人可能会因为他全身的器官活动以及各种外在影响而产生自卑心理，而这种自卑就会促使他变成黏液质的人，因为他的自卑心理只有在黏液质的保护下，才能免遭羞辱和伤害。可见，我们在这里专门讨论的只不过是先前概述的一种类型，而这个类型的人其中的一个病因就是甲状腺机能低下。这种特殊的器质性病变可能会导致一系列的严重后果，如它会歪曲个体的生活态度，促使个体极力寻找一种对自己的心灵做出补偿的方法，而黏液质特性刚好就是现成的好方法。

接下来，我们来论述其他类型的内分泌失调，以及由此引发的病症和气质类型，以此作为论证上述观点的进一步证据。就拿甲状腺功能亢进引发的巴塞多氏病或甲状腺肿为例子，患有这种病的病人会心跳过快、脉搏加速、眼球突出、甲状腺肿大、手容易发生抖动，以及具有一些极端倾向。由于甲状腺功能失调会影响胰腺等脏器，病人还容易出汗，肠胃功能也不好。此外，这类病人还会高度敏感、容易激动、行为焦躁，同时伴有明显的焦虑倾向。

毋庸置疑，突眼性甲状腺肿病人与焦虑过度的人，在症状上比较相似，但根据这个就断定甲状腺肿大和心理学上的焦虑是一回事，肯定不行。甲状腺肿大病人所表现出来的焦虑、容易疲惫、非常虚弱、没有足够的精力从事体力或脑力活动等种种心理和生理病症，不仅仅受到心理因素的制约，而且也受到器官的约束。如果对甲状腺肿大病人和焦虑的神经症病人进行认真的比较，就会得出二者完全不同的结果。那些因为甲状腺机能亢进而表现出精神亢奋的人，只是因为长时间处于亢奋状态，受甲状腺分泌物刺激太多，才导致了焦虑的性格特征。相比之下，那些容易激动、焦躁、忧虑的神经症病人与之完全不同。这类神经症病人是一种完全不同的类型，其状态取决于自身的心灵发展过程。在行为举止方面，甲状腺功能亢进的人与焦虑的神经症病人肯定有相似之处，但二者存在一个实质性差异，即前者的行为常常缺乏计划和目的性，而这恰恰是性格与气质的基础标志。

在此，我们还有必要论述一下其他内分泌腺。内分泌腺一般跟睾丸、卵巢有很大的关系，我们认为，内分泌腺如果出现反常一定会引起生殖腺（也可以说是性腺）的反常，这已经在生物学领域得到广泛认可，并成为一条基本原则。但是，为什么会出现这种独特的依附关系呢？这两种异常为什么会同时出现呢？关于这些问题我们直到现在都没有准确答案。不过，在对性腺不足的病人进行研究时，我们发现有这种器质性不足的人很难适应生活，为了提升自己的适应能力，他需要更多地依靠心灵补偿和心理防御机制。据此，我们认为，从上述内分泌腺存在器质性不足的案例中推导出来的任何结论，和从其他器质性不足中推导出来的结论，应该是相同的。

喜欢研究内分泌腺的专业人士认为，性腺功能决定了性格和气质。但睾丸和卵巢的腺素严重异常的状况并不多见，就算是病理性退化也只是特例，非常少见。此外，我们直到现在都没有找到与性腺功能低下直接关联的心灵表现，可以说特殊心灵表现很少是由性腺方面的原因导致的。这说明我们还没有发现任何可靠的医学根据，来证明内分泌学家所说的内分泌决定性格这一说法。不可否认的是，对人的生命而言，某些来自性腺的刺激元素必不可少，且还可能决定孩子在自身处境中占据的地位。当然，说这些刺激元素由其他器官产生，也是可能的，而且对它们是否直接导致心灵表现这一点，我们也不能确定。

我们必须要提醒大家，对人的价值进行判定时需要非常慎重，这并不是一件容易的事情，稍有差池就有可能产生巨大的偏差。天生就有生理缺陷的孩子，在谋求补偿时很容易产生依靠特殊心灵的方法。不过，这种发展倾向能够得到抑制，因为任何器官在任何时候，都不可能强迫个体确定一种特殊的生活态度。当然，器官缺陷可能会让人失去上进心，但这又是另一种情况。不少人都认为器官缺陷在很大程度上决定了性格与心灵的发展，他们之所以会有这样的看法，是因为没有一个人尝试帮助那些器官有缺陷的孩子逾越那些在他们心灵发展期间遇到的阻碍。人们只是任由这些孩子在缺陷的影响下，走上错误的道路，甚至在对他们进行观察、研究的过程中，也没有人想到要鼓励他们或帮助他们。还好，以个体心理学为基础的情境或结构心理学在这方面做出了客观、真实的研究，必定能弥补气质或体质心理学的种种缺陷。

六、小结

接下来我们将逐个讨论性格特征，不过在这之前我们要对前面讨论过的那些问题做一个总结。之前，我们提到一个重要的观点，即将脱离整体心理结构和各种表现的独立现象作为研究对象，是不可能真正理解人性的。有一个特殊的方法已经被证明是行之有效的，就是一定要找到两个或两个以上的、时间间隔尽可能长的现象，对它们进行对比研究得出结论，并以此结论为依据推导出统一的行为模式。依靠这个方法，我们可以搜集到一些完整的记忆，然后通过精心整理，从中归纳出某一性格特征合乎情理的评价。如果我们在做出判断时只以孤立的现象作为依据，那我们就和其他心理学家或守旧的学者一样，我们的研究将举步维艰，最后不得已选择那些一早便被证实作用不大的传统的标准。但如果能在大量的心灵现象中，确定若干个关键点，再运用专业的个体心理学方法将这些综合成独立的行为模式，那么我们就能从整体上清晰、确定地评价一个人，而且还能建立一种包含清楚逻辑的心理分析体系。只有借助这种方式，我们才能建立真正坚实的科学基础。我们对一个人的评价，必定会因为不断深入而产生一些变化或得到一些纠正，因此，我们必须先依靠上述方法对一个人进行清晰的了解，然后才能运用正确方法对其进行纠正。

为了建立这种心理分析体系，我们已经探讨过了各种各样的方法，还用自己或他人的种种经历为例子，做出阐释。此外，我们坚信，这个体系绝对不能忽视社会元素。只对个体的心灵表现进行研究，并不能满足要求，还需要将这些表现放到社会生活中观察。站在社会生活的角度，能得出最重要、最具有价值的基本原则，即性格是个人对周围环境的态度，以及他和人类社会关系的一种标志，所以绝对不能作为道德评判的标准。

在对上述观点进行反复证明时，我们发现，在人类身上广泛存在着两种现象：第一种现象是社会感。每个人都会具备一定的社会感，人类所有的伟大成就都是建立在这种必然存在的社会感上的，是我们评价心灵表现的一个有效标准。如果我们了解一个人的做人之道，了解他是怎么样使自己的人生充满意义和活力，那我们就能清楚知道他到底具备多少社会感，并对他的心灵有一个全面的了解。第二种现象是跟社会完全对立的追求自身权力与优越感的倾向，这是评价心灵的另一个标准。如果我们能掌握这两点，就能明白，人与人之间的关系不仅取决于社会感，也受到对权力追逐的约束，跟二者分别是正比与反比的关系。社会感和对权力的追逐，是两种对立的倾向，二者之间维持着紧张的博弈关系。在这两种倾向的相互作用下，人会有种种表现，而这些表现便构成了性格。

第二章　攻击型性格特征

一、虚荣心与野心

如果一个人最大的愿望是得到认同感，那他的心灵就会因为这个愿望而呈现出紧张状态，内心深处就会不断地追求权力与优越感。为了实现这个目标，他表现出高昂的斗志，整个人都沉浸在对胜利的期望中。这种人必将无法跟上实际生活的节奏，因为他整天都在思考他人是怎么看自己的，总是担心自己给他人留下不好的印象，却毫不关心生活本身。在这种生活方式的作用下，他不仅仅自身行动受到很大的限制，还有了贪慕虚荣的性格特征。

一般说来，就算每个人都贪慕虚荣，却没有一个人认为将其公开是聪明的做法，因此人们会给虚荣加上各种巧妙的装饰，给它戴上多变的面具。比如，有一种谦虚，实质就是虚荣，也是虚荣的面具之一。再如，因为虚荣而不接受他人的建议；因为虚荣而贪得无厌地要求大家赞许，然后利用这些赞许来满足个人利益。

虚荣如果超过一定限度就会引发巨大的危险，它会让一个人去做许多没有意义的事情，只关注事物的表面而拒绝探究实质，它还会导致一个人时刻只想到自己（即便考虑到了他人，最多也不过是他人如何看待自己）。其中最大的危险在于，它最终会导致个体与实际生活脱节，会让他无法理解人与人之间不可避免的复杂关系，并扭曲个人与实际生活之间的关联，会让他忘记自己应该履行的人生职责及世界对人类提出的要求。在阻碍个人自由发展方面，没有一种恶习能比得上虚荣。不管遇到什么人或什么事，爱慕虚荣的人首先想到的是："这能给我带来什么好处呢？"

人们常常会使用一些精美的形容词，如远大的理想等等，来描绘自己，以便跟虚荣划清界限，掩饰虚荣、骄傲等字眼带来的不好的色彩。想想看，我们曾听说过多少人曾得意扬扬地提到自己拥有高远的抱负。经常被滥用的还有"斗志昂扬、积极进取"这两个词语。很自然，如果对社会有利，"斗志"的价值肯定会得到认可，然而实际上却是，"勤奋""努力""进取""活力"等褒义词都是用来掩饰或者美化虚荣的。

虚荣的人做事情通常都不按照规矩，甚至会做出一些干扰别人的事情。例如，有一些虚荣的人因为无法满足虚荣心，就希望别人也遭遇失败，于是处心积虑为别人的成功制造阻碍。孩子也有虚荣心，只不过他们的虚荣心还没有发育成熟。爱慕虚荣的孩子喜欢在危险中展示自己的勇气，喜欢在比自己小的孩子面前显示自己的强大。在这一点上有一个典型案例，就是很多孩子经常残忍地虐待动物。有些孩子从某种程度上来说，已经失去了勇气和信心，那么他们就一定会用各种莫名其妙的小事来满足自己的虚荣心；他们会避开人生的主战场，在生活的小角落里随心所欲地扮演大人物，以满足自己对虚荣心的渴望。那些总是抱怨生活艰辛、命运多舛的人就属于这类人。他们不停地抱怨，不过是想说明自己如果能接受好的教育的话，又或者没有那么多悲惨的经历的话，他们一定会成为大人物的。这种人既想满足自身的虚荣，还不愿意真实地面对人生，所以只好不断寻找理由，为自己编织各种美好的幻想。

普通人很难与贪慕虚荣的人保持距离，普通人同样不知道如何去评判贪慕虚荣的人。虚荣的人总是在犯错之后将责任推卸给别人，不管什么时候，对的人总是他，犯错的总是别人。可是，在生活中，最重要不是对与错，而是每个人都要实现自己的目标，并为之奉献自己的力量。虚荣的人是不会想到奉献这件事的，他们要么怨天尤人，要么到处找借口来安慰自己。我们可以看出，在这类人内心深处所隐藏的曲折的真实想法，为了维持优越感，以及想要保护自己虚荣心不受伤害的企图，他们不惜一切代价。

有些人在这个问题上会突出不同的意见，认为人类之所以能取得了不起的成就，就是因为有远大的理想。但实际上这种看法错得离谱。我们认为，没有一个人能完全做到不虚荣，也就是说，每个人都存在某种程度上的虚荣心；并且可以肯定的是虚荣不会让人采取任何造福人类的行动，或者赐予人们取得巨大成就的伟大力量。人们取得了不起的成就的唯一推动力就是社会感，就连天才创作的作品，也只有具备社会感才有意义。在创作作品的过程中，如果掺入太多的虚荣只会让作品的价值遭到贬损。因此，真正的天才之作，一定只包含了微乎其微的虚荣。

然而，在社会大环境下，任何人都无法避开虚荣的影响。能够意识到这一点就已经非常不错了，因为它触及了人类文明的痛处，揭示了很多人整天生活在痛苦与煎熬中的原因。虚荣的人的全部人生意义就在于追求表面的风光，他们不能与人友好相处，也无法适应现实生活；他们只关心自己的声誉，对其他的事毫不关心，所以，当他们与他人产生冲突时，也不必感到奇怪。我们发现，人类社会之所以会出现那么多的复杂矛盾，根源就在于一部分人的虚荣心没有得到满足。由此可见，在试图去发掘个人的复杂人格时，应先掌握如下关键技巧：明确他们的虚荣心有多强，在什么事上表现出虚荣心，以及他们的虚荣心目标是通过什么方式来达成的，这能帮助我们揭示出虚荣究竟会给社会带来多大的损害。为人着想与虚荣是两种截然相反的性格特征，二者不可能并存。因为在虚荣心的驱动下，个体绝对不会愿意臣服于社会规则，也不会体谅他人、顾忌他人的感受。

虚荣心决定了爱慕虚荣者的命运。对虚荣而言，社会生活是其强大的对手，来自社会生活的抗议一直威胁着虚荣心的发展，因此虚荣心刚刚萌芽就不得不将自己的真实身份隐藏起来，一番乔装打扮之后再兜着圈子去实现自己的目标。虚荣的人一直怀疑自己是否有能力实现目标，所以总表现得犹豫且缺乏自信，结果大好青春年华就在他们思前想后之时翩然而逝了，然而他们却在年老之时寻找各种各样的借口，表示自己不能实现目标，完全是因为形势所迫。

虚荣的发展路径通常是这样的：首先，虚荣的人会寻找到一个普遍规则极少约束他们的位子，以便他们远离日常生活；其次，他们会抱着不信任的态度观察别人的生活。他们会认为其他人都将自己当成了敌人，因此们他必须采取进攻或防守这两种策略中的一个。这样一来，他们总是左右为难，觉得自己的每一个想法都有依据，不知道应该选择哪一个。反复思考会让他们错误地以为自己掌握了真理，但实际上他们却在这种思考中错过了大好时机，失去了与社会生活的联系，并推卸了个人务必要承担的责任。

通过深入的观察，我们能找到虚荣背后潜藏的东西，并看到一种通过很多种方式表现出来的企图征服一切的欲望。这种虚荣展现在虚荣之人一切行动、装扮、语言表达，以及社交活动上，也即无论从哪一方面看，我们都能从虚荣之人身上发现虚荣的痕迹，以及他们不择手段追求优越感的强烈野心。如果将如此强烈的虚荣心表现出来，一定会招致人们的关注和厌恶，因此，一些聪明的虚荣之人，因为认识到自己无法与他们刻意疏远的社会抗衡，便会想方设法掩饰自己的虚荣。有一些人表面上看起来很谦逊，甚至有点邋遢，实际只是为了让自己看上去不那么虚荣。有一个小故事，讲的是一个年轻的演讲家在演讲时总是穿着破烂的衣服，苏格拉底对他说："来自雅典的年轻人，你的虚荣心正透过你袍子上的每一个破洞向外眺望呢！"

有一些人坚持认为自己没有半点虚荣心，但他们看到的只是表面现象而已，虚荣心一般都隐藏在人们的内心深处。爱慕虚荣的人总是想成为焦点，想让周围的人都听他们的，或者他们会根据自己在社交圈子里所处的地位来评判社交圈的好坏。还有一些虚荣的人从不踏入社交圈子，也不进行人际交往，拒绝他人的邀请，或者总是迟到，又或者要主人费劲恭维他们才肯去等等。还有一些虚荣之人仅仅在特定情况下参加社交活动，并认为这种习惯是一种值得骄傲的长处，让他们看起来与众不同。然而，认真思考一下便会发现，这种独特的方式只会暴露出他们心底强烈的虚荣。与此相反，还有一些人却非常热衷于参与各种社交活动，这同样是虚荣的一种表现。

上述表现绝不是不值得重视的细节，它在人们的心底牢牢扎根，真实反映了人类心灵的活动。如果具有这种表现，那就证实这个人没有多少社会感，很容易危害社会。虚荣心有各种各样的表现形式，也许只有大文豪高超的文笔才能形象、细致地描绘出来，我们在这里只能尽量勾勒出一个框架来。

凡是虚荣之人都会有一个他们一生都无法实现的愿望与目标，即超越世界上所有的人。之所以会确定这样的目标，仅仅是因为自身的无力感。由此我们或许可以推导出，所有拥有强烈虚荣心的人，都没有强烈的自我价值感。有的人可能也明白，自己的虚荣来源于自己的脆弱和无能，但光有认知是毫无价值的，除非他们能借助这个机会好好反省一下。

一般而言，虚荣的人都会显得很幼稚，因为虚荣带着一些天真的成分。实际上，人在童年时代就已经有了虚荣心。激发这种虚荣心的刺激有很多种，如有的孩子因为没有良好的教育环境而感到压力，他们无法承受，并据此产生了自己渺小、被忽视的感觉，这就是他们产生虚荣的原因。家庭环境也是一项关键元素，有些家庭的孩子很容易养成傲慢的态度，他们的父母也必然会摆出鹤立鸡群的“贵族”派头，并对此感到自豪。但其实这种态度背后隐藏着一个不为人知的想法，即他们是独一无二的，他们的家庭比其他家庭都更加优越，更高贵，也更高尚，而且也正是这种家庭背景注定他们要在生活中享受到一些特殊的待遇。在生活中，确实会有一些人把追逐特殊的生活待遇作为自己的人生目标，并在此基础上形成特殊的行为模式。但生活很少能满足这些人的愿望，再加上人们对这类追逐特殊待遇的人的仇恨与轻蔑，因此他们之中的很多人会胆怯、会后退，最后远离社会，过上隐居的生活。如果他们总是躲在家里，不必面对真实生活，不必对其他人承担责任，那么他们就会继续孤芳自赏，更加坚信自己一定能在某种条件下出类拔萃、获得成功。正是通过这种方法，他们的傲慢态度被不断培育起来，并进一步巩固。

一些能力很强、成就突出且十分骄傲的人也属于这一类人，从客观来说，这类人确实有一定的价值，但可惜的是他们却浪费这些能力用来孤芳自赏。他们总是很难与社会合作，喜欢罗列出一大堆不靠谱的借口来当理由。例如，他们可能会列举一些绝对不现实的事情，可能为了说明别人没有资格和他们合作而吹嘘自己所做所学所知，而别人却不具备这些能力。此外，他们还喜欢罗列一些不可能成立的空洞理由，来为自己的不合作辩解，如他们可能会发出这样的感慨，如果所有的男人都是男子汉，所有的女人都不是现在这个状态，那所有的一切都能让人满意。然而很明显，这个愿望是不可能实现的，不管它本身有多么美好。所以，我们可以总结为，这类人的这些行为都是他们在为自己的懒惰寻找借口，这些借口如同安眠药或者麻醉剂一样，可以让他们避免思考被自己浪费掉的宝贵光阴。

对于外部世界，这类人充满了强烈的敌意，也从不关心他人的痛苦和悲伤。对人性有深刻理解的拉罗什富科曾这样精确地评价这类人“面对他人的痛苦，完全无动于衷，好像什么事都没有发生过一样”。这种人之所以能保持良好的自我感觉，就是借助这种方法。他们通常会通过尖锐的批判态度来展现他们对世界的敌意，他们怨气冲天，对整个世界都不满意，永远都在评论、挑剔、讽刺及谴责这个世界。当然，把渣滓找出来，加以评判，是每个人应尽的责任，但这样做还不够，我们还需要自我反省，时常问问自己：“在评判了这些渣滓之后，我是否吸收了一些精华，并提出了有价值的建议？”

虚荣的人总是喜欢通过各种伎俩来抬高自己、贬低别人，而且喜欢说一些恶毒的话，来诋毁他人的人格。无数次的磨炼让他们积累了大量的经验，所以他们总能在这件事上轻而易举地获得成功。这之中确实有一些思维灵敏、头脑清晰、反应迅速的人。不过聪敏也和其他事物一样，都有两面性，既能给人带来好处，也能给人造成损害。语言刻薄的人就是一个典型的例子，他们所有的聪明才智都用在了捉弄别人、损害别人上。

这类人普遍都有一种性格表现，即总是诋毁或贬低他人，我们所说的“否定情结”就是这样。这个情结表明虚荣之人的目标就是对其他人的价值观发起攻击，也就是说，虚荣之人就是为了从否定他人或贬损他人之中获得优越感。对于虚荣之人而言，大众对他人的认可，就是在羞辱他的人格。依据他们的这个特征，我们便能获得很多重要的发现，特别是在虚荣之人的人格中，软弱感和无力感是多么强烈而稳固。

既然我们无法彻底消除虚荣心，那么就算我们不能在短时间内将这个自古便深深扎根于人们内心的东西铲除，也可以有效利用一下在这里开展的讨论，从而为自己制定确立一个行为规则，来坚决避免虚荣对自身发展的阻碍。只要能够做到避免自己被这种危险、恶劣的习惯蒙蔽，避免它迷乱自己的心思，那就算是巨大的进步了。我们之所以再三强调虚荣心造成的不良影响，就是因为我们认为所有人都应该主动与人合作，这是理所当然的事情，合乎自然规则对人类的要求。我们并不是想标新立异，也不是想宣传特立独行的论点。现代社会更加重视合作，单纯只满足个人的虚荣心是行不通的，因为我们非常遗憾地看到，虚荣心每天都在导致失败，导致社会强烈地批判虚荣之人，也正是在现代社会中，虚荣心所刺激产生的矛盾显得更加清晰而愚蠢。总之，这个时代是一个整个社会都在一致抗拒虚荣心的时代，在这样的环境中，就算我们无法消除虚荣心，但也能找到一个更好的方法来展现虚荣心。这样，就算我们不能消除虚荣心，至少还能推动虚荣心朝着对公共社会有益的方向发展。

接下来我们来列举一个案例，来深入说明虚荣心的源头到底是什么。有一位年轻的女士，是家中最小的孩子，她自幼娇生惯养、受尽宠爱。她的母亲从早到晚照顾她，满足她所有的心愿。在这种无微不至的照顾下，这个小女孩被宠坏了，她不断地提出各种各样的要求，产生了无穷无尽的欲望。有一天，这个小女孩发现她的母亲只要一生病就变得傲慢而随意。于是，她没过多久就立马意识到，生病也可以成为一个有很高价值的手段。

就这样，她不再对生病这件觉得无法忍受的事情排斥了，身体不好在她看来也不是一件坏事。而且在这方面，她算得上经验丰富，可以随时想生病就生病，特别是在她想要得到某种东西的时候。她想要的东西实在太多了，总是处在生病的状态，最后长期的身体虚弱让她患上了慢性病。不管是孩子，还是成年人，这种“疾病情结”都非常普遍。只要一生病，他们就能获得家庭其他成员的关注，并让他们觉得自己拥有了更多的权力。有一点必须承认，那就是身体不好的人很有可能会借助这种方式来获得权力。当然，最初就是这类人发明了这个方法，因为他们在家人对自己关怀中尝到了甜头。

受到这种思想的影响，这类人会使出各种小花招儿来达到自己的目的。例如，他们会为了让自己的脸色看起来更糟糕而减少食量。这样家里人肯定会马上为“病人”做些好吃的。总是被人百般呵护的人，很容易会产生希望家人能永远精心照顾自己的念头。这样的人一般很难忍受独自生活，并非常渴望他人的关怀和照顾。在他们看来，要达成这个目的很简单，只要自己总是生病或处于危险中就可以了。

所谓“移情”，就是能够设身处地换位思考一件事或一个情景的能力。作为移情作用的典型例子，梦充分体现了它的基本特征。在梦中，我们会产生一种好像真的出现了一种情境的感觉。移情还有一种表现，就是“疾病情结”。有“疾病情结”的人在掌握了这种取得权力的方法后，就能很轻易地想象自己的身体不舒服。他们的情况是那么真实，以至于任何人都看不出来是在撒谎，这是一种想象，是对真理的歪曲。我们都清楚，当设身处地地想象某种情境时，确实能让人觉得自己就在那个情境中。例如，当一个人想要表现恶心或恐慌的感觉时，可能真的会呕吐，或者感到非常担忧，就像真的恶心或身处险境一样。所以，如果一个人总是通过这种方法让自己长时间“生病”，那他就真的会出现某种症状。还是以刚才我们例子中的那位女士为例，她曾说过她自己有时候会觉得非常害怕，“那是一种非常可怕的感觉，吓得我简直就要中风了”。还有一些人想象某件事时会非常逼真，以至于内心失去平衡，谁都没法说他们只是想象或假装。想要成为一位生病专家，必须要让身边的人都觉得自己生病了，或者至少得了神经症。这样一来，所有有这种感觉的人，都会关心这位“病人”，帮助他，照料他，担心他的身体。说实话，有些人的疾病确实会让那些身体健康的人具有很大的压力，而所谓的生病专家无疑在毫无顾忌地给他人施加压力，目的就是获得掌控其他人的优越感。

公共生活法则要求每一个人都要关怀自己的同类，而疾病情结显然违背了这个法则。上文提到的生病专家有一个标志性的特征，即他们完全不关心自己同伴的情绪。这类人不仅不愿意帮助别人，还总是侵犯他人的利益。他们之中的有些人可能通过艰苦的奋斗、良好的教育，取得巨大的成就，成为和蔼可亲、受人欢迎的成功人士。但这类人顶多在表面上装出一副关心他人幸福的样子，这样做的目的其实是自恋与贪慕虚荣。

我们刚才提到的那位年轻的女士就是这样，从表面上看，她非常关心自己的家人。例如，她的母亲通常都会把早餐送到她的床边，如果晚了半个小时，她就会非常紧张，为了让自己放心，她会强迫自己的丈夫去看看是不是出了什么事情。为此，她的母亲养成了每天准时送早饭的习惯。她的丈夫也遇到同样的事情。她的丈夫是一位生意人，有时候不得不耽搁一些时间来与客户周旋。可是，她每次都会因为丈夫晚到家几分钟而紧张不安，甚至浑身发抖、汗流不止，几乎崩溃，还痛苦地抱怨她差一点就急死了。如此，可怜的丈夫也只能像他的岳母一样，每天逼迫自己准时回家。

有人可能会表示异议，觉得这位女士这样做并没有给自己带来什么好处，算不得真正的胜利。但大家应该要注意几个问题：第一，我们关于这位女士的描述，只不过是冰山一角罢了；第二，对周围人来说，她的病情是一个危险信号，随时提醒大家要注意，要小心地照顾她。也就是说，在她的所有社会关系中，生病占据着主要地位。她轻而易举就能让自己生病，以这个方法，她控制了身边的所有人。她渴望能够控制身边的人，并因达到了这个目的而极大地满足了她的虚荣心。如果我们了解她的欲望有多么强烈，清楚她为了实现目的而愿意付出多大的代价，那我们就能确定在她的生活中，她所采取的态度和行为都是不可缺少的。除非其他人都心甘情愿地服从她的意愿，否则她就时刻处于不安之中。不过，婚姻除了让丈夫按时回家，还有很多构成部分。既然已经学会了借助焦虑情绪来达成自己的心愿，这位女士必将在其他事情上也采用这种强制性的方法。表面上看，她似乎关心其他人的幸福，但她的关心有一个显著的前提，即她所关心的人一定要服从她的意志。根据这个我们可以推论出，这位女士之所以关心他人，仅仅是为了满足自己的虚荣心。

这种精神状态很容易就发展到严重的程度，对于当事人来说，得到自己想要的已经不是她关注的事情了，她关注的只是其他人是否服从自己的意愿。例如，一个16岁的女孩，以自我为中心的倾向到了极端的程度，她只关注自己脑子里随机出现的怪念头能否实现。她的一切行为都透露出打败自己的同伴、展示自己的权力的欲望，即征服一切成为她所有行为的动机。她的母亲想要讨好她，曾有一次为了给她一个惊喜而给她做了她最喜欢吃的糕点。她的母亲把点心端到她的面前，并说：“我给你做了你最喜欢吃的糕点。”但这个小女孩却一点也不领情，她一下推翻了盘子，并狠狠踩踏地上的糕点，还大喊道：“我不要你给我的，我要，是因为我想要！”还有一次，她母亲问她午餐时想喝咖啡还是牛奶，当时小女孩站在门口，声音虽小却异常清晰地说：“她要是说咖啡，我就要牛奶；她要是说牛奶，我就要咖啡。”

这个女孩还能将自己的想法直接地、率真地表达出来，很多同样类型的孩子却无法清晰明白地说明自己的想法。可能所有的孩子都具有这样的性格特征，只是程度不一样而已。他们都在竭尽全力达成自己的意愿，毫不犹豫，就算最后这种我行我素的行为根本不能给他们带来任何好处，甚至到了最后还可能让他们承受巨大的痛苦和不幸。孩子之所以会养成这种我行我素的性格，主要是因为家长们对孩子太过纵容。但是在成人世界中，为什么那些随心所欲的人要远远多于那些愿意帮助他人的人呢？看看周围的大环境就知道了，社会为这种随心所欲提供了良好的温床。有些人非常虚荣，凡是别人建议他们做的事情，他们都拒绝，哪怕这件事是关系他们自身幸福的。这类人还有一个特点，就是他们总是迫不及待地想要表达自己的态度，并常常为此打断他人的话。还有一部分人会在虚荣的驱使下，变得非常固执，以至于他们就算内心认同某个想法，也会在嘴上说“不”。

只有在家里，人们才可能彻底地随心所欲，想做什么就做什么，不过这种可能是否能实现，还得看具体情况。人类社会的必然规律之一，就是人与人之间定要彼此交往、沟通。有很多人在交往的过程中，会彬彬有礼地对待刚刚认识的人，不过这种关系很可能用不了多久就会破裂。还有一些人总能博得周围所有人的喜欢，可有时候他们也不愿意跟其他人关系过于亲密，更有甚者会连家门都不想出。例如，我们这位女病人，她长得很迷人，在外面获得了极好的名声，几乎赢得了所有人的喜爱。可是，每次出门她都盼着能早点回去，她的身体也总能在这个时候出现点小问题，以便帮助她实现愿望。如她会在宴会时无缘无故地头疼，不得不提前离开。之所以有这样的表现，是因为她在家之外的其他任何社交场合，都无法拥有权威的感受。只有在自己家里，她才能让自己的虚荣心得到满足，而这是她人生中最重要的事情。因此，为了尽快赶回家，她想尽了一切办法。她的病情不断恶化，以至于后来她一看见陌生人就会焦虑不安、情绪激动；后来，她都没有勇气去剧院；最后，她根本无法出门，只因她能掌控一切的权威感，在外出时会彻底消失。只要出了家门，特别是当她走在路上时，她就再也找不到她所追求的安全感和权威感。她自己就曾说，如果没有“臣子”的陪伴，她就非常讨厌外出。总之，她喜欢的生活就是那种整天被关怀、终日被照料的生活。通过调查我们发现，这种生活模式在她幼年时期就已经出现了。

她是家中最小的孩子，身体也不好，总是生病，自然得到了比其他孩子更多的宠爱和照料。她在家中饱受宠爱的地位不可动摇，为了保持这种地位，她会不惜一切代价、付出一生的努力来维持。可是，她的行为方式却与现实生活产生了巨大的矛盾，并且无法调和。她身边的人都看出了她的焦虑与不安，这太明显了。这只能说明，她在解决虚荣心的问题上犯了错，也就是说，她为了解决这个问题，采用了一些不恰当的方法，自然也不会得到满意的结果。她不愿意直面真实的生活，也不愿意遵从社会规则，并因这个问题饱受折磨，承受巨大的痛苦，最终不得不求助医生。

对于这位病人的治疗方法，我们采用的是帮助她揭开她多年来努力构建的思想体系。当然，她肯定会反抗，产生抵触情绪。因为来看医生只是一种表面现象，实际上她并没有想要有所改变，她还是渴望能像从前一样掌控自己的家人，但也绝不希望自己为此付出诸如走在大街上也备受煎熬的代价。我们认为，她一直没有弄清楚一个道理，即所有的事情都有好坏两个方面，但她却在满足虚荣心这个问题上，只想得到好处，摆脱坏处。

这个例子有力地证明了这样一个结论，虚荣心一旦膨胀到极端的程度，就会让一个人一生都无法摆脱这种负担，并因此阻碍了全面的发展，最终走向失败。只要病人的注意力在利益或好处上，那他们就不可能明白这个道理。可惜很多人都是这样的，他们认为野心是一种相当宝贵的性格特征，可是野心准确地说来，就是虚荣心。他们并不明白，他们最终会因为野心而失去希望和平静。

为了支持这个观点，我们再来列举一个例子。有一位25岁的年轻男士，马上就要面临期末考试了，但他却突然之间失去了全部的学习兴趣，不愿意复习。他情绪糟糕，严重怀疑自己的能力，最终在这种思想的折磨下，竟然无法参加考试。在回忆他的童年情景时，他对自己的父母表示了强烈的不满，他认为父母完全不知道自己的成长过程，并为自己的成长制造了阻碍。在对自我价值严重怀疑的同时，这位男士还认为其他所有人都没有价值，并且和他没有任何关系。由此，他获得了足够的理由远离人群，独自生活。

他不参加一切可以测验他能力的考试，并为此寻找各种各样的借口，就是因为虚荣心的驱使。当期末考试马上就要开始的时候，他失去了信心，没有了斗志，这让他更加着急，以至于在这种沉重而固执的思索中彻底崩溃，再也不能参加考试了。这些对他来说，都是非常重要的，因为这样可以让他不用参加考试，也就没有成绩，自然也对外隐瞒了他的真实能力，并为此保住了自己的人格感和价值感。这种做法几乎变成了他的保护伞，他因此觉得安全和安心。他可以安慰自己说，全是因为疾病和命运的不公平，他才没有获得成功。实际上，这种逃避考试的做法就是一种虚荣心的表现方式，这个人习惯在考验自身能力的重要时刻，选择退缩逃避，是因为他觉得自己如果失败了，就会失去已经得到的荣誉，还会暴露他真实的能力。

其实，这种逃避的态度，我们在那些缺乏自信或者对自己的能力缺乏信心的人身上经常能看见，这位病人也不例外。从他对自己的描述中，我们甚至可以得知他已经深谙此道了。每当需要他做决定的时候，他总是犹豫不决；仅仅通过他的态度和行为，我们就能发现他是多么渴望能够停止前进。

他是家里的老大，还是唯一的男孩，下面还有四个妹妹，他还是家里唯一上大学的人。可以说，他是整个家庭的重点保护对象，更是全家人的希望。他的父亲只要有机会，就会苦口婆心地鼓励他，教导他，希望他能功成名就、飞黄腾达。由此，他产生了强烈的愿望，想要超过世界上所有人，这便是他的人生目标，他一刻也不曾忘记。如今，他却深陷在质疑与不自信的泥潭中，不知道自己能不能实现全家人对自己的期望。就在这时，虚荣为他提供了一条出路——打退堂鼓。

上述内容告诉我们，极度膨胀的虚荣心肯定会阻碍人们的前进。虚荣心一开始便和社会感争斗不已，相互压制，不过尽管社会感在某种程度上能够压制虚荣心，但虚荣的人从很小的时候就常常挣脱社会感的束缚，拼命只做自己想做的事情，极力与他人保持距离。在我们看来，虚荣的人应该是这样一群人：他们凭空想出一座城市，然后带着空想出来的设计四处寻找自己想象出来的建筑。当然，他们肯定找不到那座自己想象出来的城市，但他们却将责任推给无辜的现实。这便是自私的人和贪慕虚荣的人的命运。在和其他人交往的过程中，他们企图通过强制手段、玩弄阴谋、不讲道义等方法来达成自己的目标，实施自己的原则。他们随时关注着周围的情况，抓住一切机会来证明他人的错误或正在犯的错误。当他们证明了，或者至少他们自以为自己证明了，他们比其他人更加有头脑、更加聪明的时候，他们就会感到快乐、满足。很自然，也有一些人不买他们的账，奋起和他们对抗。不过，就算最后失败了，虚荣的人也坚信自己是对的，并对自己的优越性深信不疑。

其实，这些都是不足挂齿的小伎俩，不过靠着这些小手段，每个人都能通过想象来相信自己愿意相信的一切，我们这位病人也是这样发展的。他本来应该努力学习，获得知识以便参加考试来证明自己的能力，可是他却错误且夸张地看待自己的缺点，原因就在于他站在了错误的角度看问题。此外，他太过重视考试，认为考试能决定自己的终生幸福和功过成败，由此便产生了难以忍受的紧张情绪。

对他来说，生活中的所有关系与沟通都至关重要，他每一次沟通、每一句谈话都要争个高下。这很明显是一个无休无止、旷日持久的战斗，并最终将这个贪慕虚荣、充满幻想的人拖入新的困境中，并错过人生的真正幸福。想要获得人生幸福，他必须要认真生活才行。如果将生活中不可或缺的事情抛弃，通向快乐幸福的大门就会关闭，那其他人能享受到的幸福与满足，他自然也无法得到了。到了这个时候，他已经明白，自己不可能比其他人更加优秀，也不可能支配并掌控他人，于是，只能在想象中麻痹自己。

那些真正比其他人更优秀的人一定会发现，他身边有很多人想要和他比一比，看看到底谁更幸福、谁更优越。这种情况必然会出现，是因为人生来就在追逐优越感，愿意低人一等的人根本不存在。可是，这个年轻人却只沉醉于想象中，在这样的生活模式中，他很难与别人进行正常的沟通，自然也很难获得成功。参与这种攀比竞赛的人，没有真正的赢家，因为竞争的人压力都很大，他们所面临的是无时无刻的打击，却还要装出出类拔萃的样子来。

不过，还有另外一种情况，就是某个人通过帮助他人、有所奉献而获得良好的声誉。他的声誉是别人主动给予的，就算有人反对也根本不用太在意。由于他做这些事并不是虚荣驱使的，因此他能泰然自若、心安理得地接受这种光荣。可见，自私的态度及想要不断抬高自己的欲望，是促使一个人产生虚荣心的决定性因素。虚荣的人总是在期待得到什么，而有社会感的人却总是在询问："我能奉献什么？"二者在性格、价值感方面存在巨大的差别。

这样，我们便得出了一个多年来大家都非常熟悉的真理，用《圣经》中一句很有名的话来表达就是"施比受更有福"。如果我们细致地揣摩这句话的意思以及隐藏在其中的人生经验，可以发现这句话恰恰重点突出了施予的态度。这种给予、奉献、助人为乐的态度，在某种程度上发挥着补偿的作用，能让人精神快乐和宁静，就好像施予者的灵魂完全沉浸在上帝的祝福中。

与此相反，那些只想索取、不知满足的人认为，想要获得幸福就必须不停地追求或掌控新事情，否则他们就永远不可能获得满足感。他们从来不关心别人的需求和悲惨遭遇，甚至还会袖手旁观、幸灾乐祸。他们自己从来没有想过要和别人友好相处，却总是要求别人遵从他们制定的规则，还不能有任何意见。他们身在福中不知福，总想体现新东西。总之，他们的贪得无厌与毫无节制如同他们身上的其他特征一样，让人非常厌恶。

还有一种人，以更加幼稚的方式来展现自身的虚荣，为了展现自己的风姿，他们衣着花哨、独特，把自己打扮得像一只花孔雀，就像那些在头上插一根羽毛的原始人，用这种方式来展现自己的与众不同、高贵傲慢。他们之中的很多人只要穿上漂亮、时髦的衣服就能得到满足，他们佩戴各种光彩夺目的饰品，就像风中飞扬的彩旗，也像勇敢作战的人的徽章和兵器。但仔细思考一下就能明白他们的意图，他们也许只是在虚张声势，是为了震慑住敌人，或将其吓跑。我们认为更加肤浅的是，有时候，虚荣心还会让他们在自己的身上文上一些含义模糊的标志。从这些人引人注目的外在表现中，我们能清楚地感知到他们为了能给别人留下深刻的印象，甚至不惜牺牲自己的颜面。有些人热衷于卖弄，是因为他们能在这种肆无忌惮的卖弄中感受到自己比别人更加优秀、更加高尚。还有一些人则倾向于躲在苛刻、无情、固执、孤独的状态中，是因为在这之中他们能获得优越感。他们假装冷酷无情，实际是胆小懦弱。尤其是男孩子，他们表面上看是面无表情、无动于衷，缺乏情感表达，实际上是在与社会对抗。这种人习惯用其他人的痛苦来满足自己的虚荣心。如果有人请求他们给予更多的同情心和关怀，或者展现更加崇高的感情，那就相当于在羞辱他们。在这种情况下，他们会表现得更加强悍。例如，在生活中有这样一种日常现象，父母为了拉近与孩子的距离，会向孩子倾诉他们的苦恼，但孩子却会因此觉得自己比父母要强大，并为获得某种优越感而暗自高兴。

前面讲过，虚荣通常会将自己伪装起来。一般来说，虚荣且想控制他人的人都清楚，想要完全掌控别人，首先要让别人关注自己。所以，我们绝对不能被虚荣的人表面上的和善、亲切迷惑，也不要认为他们不会追求自身的优越感。他们无疑是好斗的，对征服世界充满了欲望，而斗争第一步需要达成的目标就是让对方相信自己，并放松警惕。在友善来临的第一个阶段，我们很容易错误地以为其社会感很强。令人失望的是，这个结论会在第二个阶段被推翻，在这个阶段他们就会展现出真实的自己。我们也许会发现他们前后判若两人，但实际上他们从头到尾都没有改变，就是那种先和善、再强硬的人。

这种交际方式如果发展到极致，就类似于一种“捕捉心灵”

的游戏。想要在游戏中获胜，就一定要集中精力。这类人一般能说善道，总把博爱、人性挂在嘴边，在实际行动中似乎也很爱自己的伙伴。但是，他们这种表现方式太明显了，根本瞒不过真正了解人性的人，这些人随时都在提防着他们。一位意大利的犯罪心理学家曾说："对于那些态度超过了正常程度的好，还过分宣扬自己做过的好事和善意的人，我们有充足的理由要怀疑他们。"这番话虽然说不上是真理，但也有一定的道理。要辨别这样的人很容易，因为所有人都非常讨厌过度谄媚的人，喜欢献殷勤的人总是让人很不舒服，一定要加倍小心那些长期献殷勤的人。此外，还要防备那些野心勃勃的人采取这样的方式，最好能让他们选择其他更加温和的方式。

在本书的第一部分，我们已经了解到在什么条件下心灵容易偏离正确的轨迹。从教育的角度来看，心灵正常发展最严重的阻碍，就是那些接受教育的孩子会采用一种挑战的态度对待周围的环境。尽管老师清楚一个人应该在社会生活中承担责任，但他也不会把这种观念灌输给孩子。老师在这个问题上能做到的大概只有一点，就是把孩子当成教育的主体而不是客体，让孩子拥有和老师同等的地位，并像对待大人一样对待他们，尽量不要刺激他们的好胜心。这样做能避免孩子觉得老师是在向自己施压，或者是忽视了他们，不会错误地以为自己受到了挑衅而必须做出回击。一个人一旦形成了这种作战姿态，就会生出很多野心与欲望，继而影响他的思想、行为、性格，让他陷入各种各样、混乱的关系中，使人格沦落并最终完全崩溃。

每个人都能在童话中学习到有关人性的知识，很多童话都在告诉我们虚荣是多么危险。安徒生创作过一篇童话《渔夫和金鱼的故事》，就以犀利的笔调描绘了不加节制的虚荣是如何毁掉一个人的人格的。故事是这样的：一条金鱼被抓后，恳求渔夫放了自己，并许诺可以满足渔夫的一个愿望。渔夫答应了它，并说出了自己的愿望，金鱼满足了他。可是渔夫的妻子却贪得无厌，嫌渔夫提的愿望太少了，要求重新提出愿望，她一次又一次地打发丈夫去找金鱼。金鱼先后满足了她做公爵夫人和女王的愿望。可是，最后她却想成为上帝，金鱼终于被她激怒了，再也没有在渔夫面前出现过。

虚荣心和野心，发展起来都没有尽头。有意思的是，那些极度虚荣的人，不管在童话中还是现实中，都有想成为上帝的愿望。有一些贪慕虚荣的人举手投足之间都把自己当成全能的上帝，这当然是极端的表现，或者假装自己是上帝的代表，甚至提出除了上帝，只有自己能满足某些愿望和要求。这种表达方式和想成为上帝的欲望，本身就是一种自不量力的虚荣，是一种极端的倾向，控制着虚荣的人的一切行为。在现代社会，这种极端的倾向随处可见，例如有很多人热衷于招魂术、通灵术、传心术等，迫切希望拥有凡人没有的力量，超越人类极限，超越时空与鬼神交流。

进一步的研究表明，到现在为止还有很多人想成为上帝身边的人，甚至还有一些人以追求神性作为自己接受教育的目的。在以前，追逐神性确实是所有宗教教育可以宣传的重点，而这种教育的效果，只能用“可怕”这个词来形容。以此为鉴，今天我们在树立理想的时候要更加理智一些。不过这种对神性的追逐，要铲除非常困难，因为它已经深入人心。除了心理因素，还有一个客观原因，即很多人对人类最初的认识就是来源于《圣经》。《圣经》认为，上帝按照自己的形象创造了人类。对孩子来说，这种思想是多么重要而危险啊！我们承认，《圣经》是一部伟大的作品，值得一读再读，而且每次阅读，我们都能从中获得新的收获，从而提高自己的认知能力，并且其中精湛的语言、超绝的智慧都让人赞叹不已。但是在教育孩子时，能不用《圣经》最好不用。就算让孩子学习《圣经》，也至少要好好讲解一番，而不是强迫孩子囫囵吞枣、全盘接受，这样才能避免让孩子觉得自己是以上帝的形象创造出来的，也不会认为自己拥有种种巨大的力量，以至于产生想要奴役他人的想法，才能让孩子安心于现实生活，脚踏实地。

还有一种与想成为上帝的欲望差不多的说法，即传说中能达成所有愿望的乌托邦。虽然孩子很少相信传说是真的，但要迷惑他们也非常容易，因为他们痴迷于魔术，很容易沉迷在各种想象中不能自拔。有些人对魔法及能影响他人的奇异法术非常着迷，以至于到了老年都还沉溺其中。

从某种程度上来说，大概所有人都会认为，女性不知为何会对男性有不可思议的魔力，许多男性在自己的言行中就表现出彻底为异性的魔力所吸引。由此我们不得不回忆过去那段坚决认为女性拥有魔力的年代。在那个时代，随便什么人随便找一个借口就能把某个女人说成是女巫或占卜师。这种对女性的偏见一直笼罩着整个欧洲，如同噩梦一般，欧洲数十年的历史在一定程度上都由此决定。只要想到曾有上百万的女性因此而遭受迫害，我们就不能简单地将这种迷信说成是一种小错误。我们应该将它和世界大战或宗教法庭并列，并仔细审视它所引发的恐怖后果。

另外一种想成为上帝的表现是在虔诚的宗教信仰中满足自己的虚荣心。一个受过精神创伤的人更容易沉迷在与上帝的交流中，孤独生活。这是他最喜欢的生活方式，他觉得上帝就在自己身边，会听到他的祷告，看到他严格的仪式，所以能够亲自照顾他的幸福。不过我们认为，这并不是真正的宗教，只能算是一种宗教欺骗，是因为精神机能障碍产生的。一位男士曾说，如果他没有将祷告传到天上，世界上就会有一个人遭受不幸，所以不做祷告他根本睡不着。显然他在说大话。为了明确他为什么会有这样的想法，我们有必要对他说的话进行仔细揣摩。反过来理解他的话，应该是："我的祷告可以让其他人不受到任何伤害。"可见，狂热的宗教热忱会让人变得自大，觉得自己强大的力量可以帮助他人避免悲惨的遭遇。宗教狂热分子经常会做这样的白日梦，他们的梦想种类繁多，全都是普通人无法做到的，被华丽的姿态和行为填满。然而，虽然这些白日梦对改变当前的状况没有任何帮助，但却能让梦想者沉醉其中，避免与现实发生关联。

在人类社会中，金钱似乎具有让人无法想象的魔力，很多人都认为金钱无所不能，并将此作为自己野心和虚荣的焦点，为了追求物质财富而永不止步。在我们看来，这是一种病态的虚荣表现方式。人们之所以热衷于追逐财富，不过是因为通过积累财富可以获得非同一般的力量。比如，那位尽管已经腰缠万贯仍然不停追求财富的富翁。后来，他得了妄想症，并不得不承认："没错，难道你不清楚金钱的力量有多么强大吗？就是它，不断地诱惑我。"他其实还算是明白人，还有很多人甚至都没有思考过这个问题。直到现在，金钱和权力依然关系密切，且在人类文明中，追逐金钱和权力仍然被当成是理所当然的事情，所以大家根本没有时间去仔细思考，很多人之所以唯利是图，是因为他们贪慕虚荣。

最后，我们再讲一个案例。这个案例既涉及我们前面所讨论过的各种问题，还告诉我们虚荣甚至可能引发犯罪的严重后果。一对姐弟，姐姐是公认的才华横溢，但弟弟却能力有限。当弟弟觉得自己实在没有能力与姐姐竞争时，他彻底放弃了自己。他躲到没有人注意的角落里藏起来，尽管大家为了帮助他已经清理了他成长路上的各种阻碍。此外，他还因为自己能力有限而产生了巨大的精神压力。他从小就发现自己只能做一些微不足道的事情，而姐姐却能轻易解决生活中的各种难题。对比之下，大家都觉得这个男孩的天赋不高，但实际情况并不是这样。

带着这个沉重的思想负担，他开始上学了。这个悲观的男孩在学校的努力方向就是避免其他人发现自己能力平庸。渐渐地，他长大了，希望自己不再扮演一个笨拙的小孩子，希望其他人能把他当成大人一样对待。到了14岁，他经常出入大人的社交场合，但是深刻的自卑感让他时常感到焦虑，迫使他使出各种各样的手段来成为真正的大人、绅士。

他的这种模式，最终引导他在风月场合流连忘返，但这必然要花费很多钱，而他又不愿意问他的父母要，因为他觉得自己长大了，不应该再向父母要钱。因此，每次缺钱花的时候，他都去偷父亲的钱。他觉得，偷盗行为是成人可以做的，并丝毫没有觉得苦恼，他认为自己是在帮助父亲理财。生活就这样一直平静地继续着，直到他遭受了致命的一击：他留级了。学业的失败将证明他能力的平庸，而这是他最不愿意别人了解的。

这时，他突然良心不安，内心受到严重冲击，这导致他的学习更加差了。不过，这种状态却对他很有利，减轻了他的压力，他找到了一个冠冕堂皇的理由来解释自己为什么考砸了：没有一个人能在后悔而深感痛苦的过程中，还能考取好成绩。与此同时，他终日胡思乱想，无法集中精力，这也严重影响了他的学业。在不断的悔恨和胡乱的思考中，他迅速度过了白天，而晚上他又觉得自己因为学习而筋疲力尽，事实上，他根本就没有学习。

之后发生的事情对他更加有利了。他为了学习，被迫提前一个小时起床，结果却弄巧成拙，他更加无精打采，根本无法专心学习。看到他疲惫的样子，大家自然不会在这个时候要求他与姐姐竞争。从这可以看出，问题的关键是他持续的悔恨和良心不安，根本就不是能力平庸。借助这种方法，他用盔甲把自己严密武装起来，避免了一切进攻。所有人都觉得他的失败是有原因的，没有人会说他无能。而一旦他成功了，所有人又都会觉得他真有才能，并对他心悦诚服。如此，他和他的虚荣便躲开了一切外来的进攻。

从这个病人身上，我们可以了解到正是虚荣，驱使他采取了这种行为方式，甚至为了避免自己的真实能力被别人发现而甘愿铤而走险，尽管他认为自己无能，但实情并非如此。由此可见，野心和虚荣会让一个人的生活混乱不堪，偏离正确的轨道，会抢走一切正直的品行，剥夺他享受生活幸福的权利。总之，毫无疑问这是一个极端愚蠢的错误。

二、嫉恨

由于嫉恨在日常生活中出现的频率比较高，我们认为很有必要对它进行一番认真的探讨。嫉恨常常出现在爱情和其他种种关系中，例如，孩子在相互攀比、竞争的过程中会出现嫉恨心理，甚至由此产生野心。有这两种性格的孩子，一定会变得非常好斗，总以挑战的态度对待外界。一般来说，作为一种性格特征，嫉恨的产生是由于遭到被忽视或被歧视的感觉的刺激，和野心同属一类，是一种可以维持一生的性格特征。

在弟弟、妹妹出生的时候，孩子很容易感到嫉恨，因为新生儿会得到父母更多的关怀和照料，大一点的孩子就会觉得，自己像是一位被赶下了王位的国王。在弟弟、妹妹出生之前，大孩子享受着父母全部的爱，多么惬意啊。可是，刚出生的弟弟、妹妹抢走了这份温暖如阳光的爱，大孩子怎么可能不心生嫉恨呢？

有一个不到8岁的女孩，杀死了两个人，从这个例子中我们可以看出嫉恨情绪能达到何等程度。这个女孩反应有点慢，身体也不好，什么事情都做不了，所以大家也对她没有什么要求。她认为自己的生活环境是舒适的，但妹妹的出生却在她6岁那年结束了这种舒适的生活。她的内心从此发生了巨大的改变，带着无比的恨意，她开始残酷地对待自己的小妹妹。她的父母很难理解她的这种恶劣行为，开始对她严厉起来，甚至准备处罚她。后来，人们在她家所在村子的小河里发现了一个淹死的小女孩的尸体。没过多久，又有一个小女孩淹死了。在她准备将第三个小女孩扔进水里的时候，她被当场抓获。她认了自己犯下的所有罪行，随后被送到精神病医院接受治疗，后又被送到疗养院接受进一步的教育。

从这个案例中，我们可以看出，这个女孩把对小妹妹的嫉恨转移到其他孩子身上了。我们观察到，她并不仇视男孩。她之所以杀死那些小女孩，是因为她把她们当成了妹妹的替身，用谋杀行为来报复，并宣泄自己因受到忽视而萌生出来的嫉恨。

嫉恨在家里既有男孩又有女孩时更容易出现，女孩在人类社会中一般都会受到一定程度的忽视。如果弟弟出生了，一定会大受欢迎，获得很多的关怀和照顾，以及姐姐根本无缘得到的其他利益。在这种情况下，女孩怎么能不感到悲观和沮丧呢？

像这样的关系还很容易激起仇恨。有的姐姐像慈爱的母亲一样，对弟弟满怀爱意。然而，从心理学的角度来说，这种态度和之前的案例是一样的。如果姐姐像母亲一样照顾弟弟，那就意味着姐姐通过这种方式再度获得一种权力，意味着她终于在不利于自己的环境中再度开辟出属于自己的地盘。

一般来说，家庭内部的嫉恨是由兄弟姐妹之间激烈的竞争导致的。如果女孩觉得自己被忽视了，就会攻击自己的兄弟，通过勤奋和努力，她多半都能超过对方。因为女孩的心理和生理都比男孩要发育得快，直到青春期过后才逐渐拉平差距，因此在这件事上，也算上帝帮了她一个忙。

嫉恨有各种表现方式，如因缺少信任而时刻准备攻击他人，异常挑剔自己的伙伴，总是担心自己被忽视等等。嫉恨的人究竟会采取何种方式来表现他的嫉恨，取决于他一直以来为自己的人生做了何种准备。嫉恨的表现方式概括起来大概有以下两种：一类是毁灭自己的倾向；一类是固执之极。嫉恨的性格特征具体有如下表现：败坏他人的兴致，无端反对他人，限制他人的自由并进一步让其俯首称臣。

嫉恨的人最喜欢玩的游戏就是为身边的人制定一系列的行为规则。当一个人企图向另一半强制灌输一种爱情规则，将爱人与其他人隔绝，规定对方的一些所看所做所想都要遵从他的安排时，就说明这个人心怀强烈的嫉恨。嫉恨的人还喜欢贬低他人、批判他人，目的就是将对方约束起来，使其失去自由，臣服于自己，不敢反抗。陀思妥耶夫斯基在他的小说《涅陀契卡·涅兹凡诺娃》中出色地描绘了这种做法：一个男子借助我们刚才所讲的方法，将自己的妻子牢牢控制，并欺压了一生。综上所述，嫉恨是一种相当突出的追逐权力的方式。

三、嫉妒

毫无疑问，在一切对权力与控制权的追逐中都会出现嫉妒这种性格特征。如果一个人目标过于远大以至于根本无法实现，那这个人就会有某种程度上的完全无法消除的自卑情结。这个人在自卑情结的压抑下，平时的行为和人生态度会受到严重影响，失去信心，低估自己，并对生活产生极度不满，而这一切又会继续拉大他自己和目标之间的距离。于是，他开始整天思考别人的成功，想着大家会如何看待他，想着他人取得成功又会怎么样。与此同时，他觉得自己被忽视了，并因此而头疼，甚至他还会以为所有人都看不起自己。其实，这类人实际上得到的并不比其他人少，不过因为他希望自己得到更多，他才会觉得自己被忽略了；他迫切希望自己拥有一切，也正好说明他无法压制住自己的虚荣心。由于社会感不容许他把虚荣心表现出来，因此他一定不会公开宣传他想拥有一切。不过，这种想法确实存在于他的头脑中，并体现在他的一切行动中。

不断思考别人的成功，可能会让人产生嫉妒的心理，这种心理阻碍着人们获得幸福。所有人都讨厌嫉妒，因为大家内心中普遍存在一定的社会感。但真正做到没有半点嫉妒心的人却少之又少，任何人都无法保证自己能彻底消除嫉妒心。当一个人身处顺境时，嫉妒一般不会表现出来；但当一个人感到痛苦、受到打击、缺衣少食、贫困交加、前途渺茫时，嫉妒便出现了。

如今，人类文明还只能算是起步阶段，需要完善的东西还很多，所以尽管人类的伦理道德和宗教信仰都限制人们拥有嫉妒心，但我们还没有成熟的心智完全清除它。我们理解穷人的嫉妒心，如果一个人处于穷困中还说自己完全没有嫉妒心，反而让人很难相信。有一点需要说明，那就是研究嫉妒心，必须要将它放在当前的社会背景下，结合整个社会普遍精神状态来看。不可否认的是，任何一个人或一个群体，如果受到太多的限制，嫉妒便会不由自主地产生。而且不幸的是，嫉妒总是以一种让人讨厌或者非常不恰当的方式表现出来。最糟糕的是，当前对于如何清理嫉妒以及随之而来的仇恨，我们确实没有什么头绪。不过，可以确定的是，最佳做法是不要考验嫉妒，也不要增加或刺激嫉妒，并采取得体的方式来尽量避免或压抑潜在的嫉妒。其实，这种方法也只是有可能消除嫉妒，不过至少可以让人们明白，在他人面前炫耀自己的优越感没有一点意义，甚至还会无意间伤害他人。

从嫉妒产生的源头可以看出，个人和社会的关系不可分割。那些不希望他人获得成功的人，对于他人已经获得的地位和权力，显得非常愤怒与抗议。正是由于嫉妒的存在，人们才制定了种种规则来保障大家和平共处。在此，我们很自然地想起了“天赋人权、人人平等”这条不言而喻的社会法则。众所周知，所有违背这条社会基本规则的人，都将遭到反对、引起混乱。

从人的面部表情中，我们有时候能看出他是否怀有嫉妒之心。我们日常的很多用语都生动体现了嫉妒的生理学原理。例如，一个人因为嫉妒而“脸色发青”“脸色发白”，就是因为展现嫉妒会导致血液循环减慢，引起毛细血管收缩。

从教育的角度来说，我们无法从根本上铲除嫉妒，但可以将它引向一个能创造价值的方向，这是处理嫉妒唯一的方法。要给嫉妒找到一条能够让它发挥作用的道路，而且还不用给心灵带来太多的刺激，这个方法能让个人和集体都受益匪浅。例如，建议个人选择那些能增强自己自尊和信心的职业；又如，对于那些觉得自己被忽视了，对其他富裕国家眼红嫉妒的落后国家，我们可以帮助它们找到新的发展方向。

所有嫉妒的人对公共生活而言都是害群之马，这种人对什么都不感兴趣，除了不断索取、不断给他人制造麻烦。他们还习惯为自己的失败编造各种各样的借口，或者让其他人来承担责任；他们争强好胜，危害他人，从不喜欢与人和睦共处，为他人着想。他们从来不会设身处地地站在别人的立场上考虑别人的利益，所以可以想象他们根本就没有一点关于人性的知识。他们不会因为自己伤害了别人而觉得难过，甚至，他们还会为此高兴。

四、贪婪

贪婪总是伴随着嫉妒产生，可以说是嫉妒的同类。我们这里所说的贪婪，不仅仅包括对金钱的欲望，还是一种更加普遍的行为模式，即不能让他人感受快乐，不愿为社会或他人做出奉献、斤斤计较。为了不让自己的财富有所损失，贪婪的人会在自己身边筑起一道围墙。可见，贪婪和野心、虚荣，以及嫉妒都存在一定的联系。这几种性格通常都是并存的，我们可以毫不夸张地说，如果一个人身上具有其中一种性格特征，那说明他身上肯定还具有其他几种性格特征。这种说法跟所谓的神奇的读心术没有任何关系，而是建立在科学基础上的合理推论。

在现代社会中，每个人都或多或少带有一些贪欲，一般的人会用一些夸张的表现方式来为自己的贪婪做掩护。其实，这种大方的表现不过是不惜牺牲他人的人格而显示自己的大方、提升自己的人格而已，实际上和施舍没有什么区别。

在某些条件下，贪婪也可以算得上是一种比较可贵的品质，例如，从某些人的生活方式来看的话，就能得出这样的结论。生活中确实有一些时间观念很强的人，在工作上争分夺秒、努力专注、从不满足，并取得了不少成就。大家都知道，现代社会有一种名为“时间贪婪”的道德观，相对来说还比较科学，它要求所有人都要节约时间，提升效率。表面上看，这种观点似乎很有道理，但从真实效果来看，却发现它实际上是为某些人的优越感和权力服务的。我们发现，有些人会以此为借口而要求其他人做更多的工作。要想评判“时间贪婪”的好坏，要看它是否具有普遍适用性，而这个原则也是评判其他行为时仅有的标志。这是一个科技的时代，有一个显著的特征，即人们就像机器，生活规则就像科技规则。对于科技活动，这些规则非常合理且效果明显，但对于人类社会，却会导致人际关系毁灭，促使人们走向自我封闭和孤独。所以，最佳的做法是调整生活方式，学会放弃、懂得付出。可以肯定的是，只要将公共利益牢记在心中，就能避免利用这个规则做坏事。

五、憎恨

争强好斗的人往往具有一种特有的性格特征，即憎恨。憎恨情绪在婴儿时期就已经产生了，它既可能表现得非常强烈，如大发雷霆，又可能表现得比较温和，如抱怨、产生坏念头等。一般而言，个人的整体人格往往能从憎恨情绪的强烈程度和批判他人的强烈程度中表现出来。只要明白了这一点，明白憎恨和恶意都是一种性格特征，我们就能客观而深入地了解人类心灵。

憎恨的对象有很多种，个人、国家、阶级、种族、异性等等，都可以成为憎恨的对象。一般情况下，憎恨不会公开表现出来，像虚荣一样，它知道如何为自己掩饰，比如它可能会以批判的态度表现出来。憎恨很有可能会破坏一个人所有的社会关系，而日益恶化的社会环境又反过来增强个人的憎恨情绪。憎恨偶尔还会像夜空中出现的流星一样，无意间突然爆发出来。比如，我们的一位病人，他本人不用服兵役，却告诉我们他非常喜欢那些屠杀、灭族行为的新闻报道，这些残酷的事情让他兴奋不已。

在犯罪中，突发性的憎恨情绪出现得更多。绝大多数憎恨情绪在日常生活中都是以温和的面目出现的，不会给人们带来多大的伤害，也不会让人产生强烈的恐惧感。还有一种憎恨情绪比较隐蔽，就是愤世嫉俗，但它的实质却是仇恨人类。有一些哲学流派总是喜欢宣扬仇恨和悲观情绪，但在我们看来，这是更加野蛮、粗鲁的残酷行为，是对整个世界的厌恶甚至仇恨。在一些名人传记中，我们可以看到憎恨情绪会抛开任何掩饰完全暴露出来。不过，我们没有必要去考虑这些传记是否属实，只需要记住在一些情况下，艺术家确实会拥有憎恨、残酷之类的品性。不可否认，艺术家要想创作出尽善尽美的作品，就应该坚决支持人性。

我们在这里就不一一讨论憎恨的表现方式，以及它与其他愤世嫉俗的表现之间的关联了，因为要将这些关系理清楚就偏离我们的主题了。在这里，我们暂时以有些人可能会在悲观的情绪下选择职业为例子。格里尔帕策曾说："一个人的残酷本能，会在诗歌中得到尽情的宣泄。"不过，这绝不是说，没有憎恨情绪人们就不能投身一些职业，恰恰相反，在选择某种职业的时候，如参军，对世界抱有敌意的人当务之急是小心翼翼地收起他的敌意，至少在表面上要与身边的环境相适应，与同事保持一定的合作关系。

有一种憎恨方式掩饰得比较好，即"过失犯罪"，一般会危害到人们的生命或财产。过失犯罪的根源在于人的社会感不足，忽略了关怀同类这项做人的基本原则。法律一直在讨论如何为过失犯罪划定界限，可惜直到现在为止都没有让人满意的结论。过失犯罪显然是和普通犯罪不一样的，例如，如果把花盆放在窗户边上，因受到一点外力的作用而掉下去砸到了一位行人的头上，这种巧合显然和直接拿花盆砸人是不一样的。但毫无疑问，有些人的"过失犯罪"却归属于犯罪的范畴。通过这种行为，我们可以更加清楚地了解人的本质。由于过失犯罪从法律上讲都不是故意的，不是有计划的，因此通常可以适当减刑。但是故意、有计划的行为，或者无意间的恶性行为，这二者有相同的动机，即都是由敌意与仇恨引起的。在观察孩子玩耍的过程中，我们总能发现有的孩子不大在意别的孩子的安危，由此我们可以得出一个结论，即这样的孩子一般对同伴都不怎么友好。当然，这个结论还需要更多的证据来加以证明，但如果你总是发现一旦一些孩子在场，意外总是发生，那就要认真思考一下，这些孩子是否真的已经习惯不关心同伴的安全了。

一般来说，在辨别过失犯罪还是故意犯罪时，商业活动并不适合作为案例，但我们还是想要强调商业活动的实质。商人一般都很少关注商业对手的利益，即商人对我们一再强调的社会感缺少兴趣。很多商业活动与计划的目的非常明确，即此消彼长，竞争对手失利，我方就能获利。不过就算是故意、有机会的恶意行为，商业活动也很少受到惩罚。可以说，普通的商业活动和过失犯罪一样，都缺乏社会感，并对人类社会产生危害。

有些人可能没有什么恶意，但工作压力导致他们不得不尽量先自保。人们通常会忽略自保对其他人造成的不可避免的伤害，从而认为这种行为是可以理解的。我们之所以要提醒人们留意这些实情，是因为在商业竞争的高压下，想要维持社会感是非常困难的。所以，一定要找到某种解决方法，让人们之间的合作不再像现在这样困难，让人们在共同利益的基础上能够更加主动友好地合作。一直以来，人类的心灵都在自动运转，努力制造一种更加健康、更加协调的状态，以便尽可能保护自己。心理学的一个任务就是追踪调查这些心灵的活动，这样做可以帮助人们了解商业关系以及作用于其中的心灵器官。只有做到这一点，我们才能明确在增进个人与社会的友好关系这件事上，到底该采用什么办法。

在学校、家庭、社会生活中，以及在大部分组织、机构中，都能看到过失犯罪的人。有些人从来不考虑自己的同伴，一心只想表现自己，不过善有善报、恶有恶报，不替别人着想自然会得到应有的报应。有的报应需要很长时间才出现，但“天网恢恢、疏而不漏”。有些人从来不反思自己的行为，也根本不理解因果报应这个道理，甚至不清楚自己现在遭受的惩罚是过去自己的行为引发的必然结果，还觉得自己很悲惨，大声喊冤。这种人往往没有什么好结果，因为他们的冷漠无情让人们忍无可忍，不再努力讨好他们，好心照顾他们，并最终远离他们。

通过深入的研究表明，过失犯罪实际上就是愤世嫉俗的表现方式之一，不管它的理由有多么充分。例如，为了赶去赴一个重要的约会，一个超速驾驶撞到他人的司机，会用这个理由来推卸责任。这位司机之所以超速驾驶不顾及他人的安危，就是因为他认为他自己的那件微不足道的小事情，比他人的安全更加重要。总之，一个人要是觉得自己的事情比公共利益更加重要，那他一定在某种程度上仇视、憎恨社会。

第三章　非攻击型性格特征

非攻击型性格具有以下特征：它虽然没有公开表现出对人类社会的敌对情绪，但却给人一种充满敌对情绪的孤立的印象。非攻击型性格表现出来的敌对情绪，如同山谷中安静蜿蜒的溪流，一般都给人一种隐蔽、迂回的感觉。拥有这种性格的人不会伤害他人，他们远离社会和其他人，拒绝一切社交活动，并且因为自身的孤僻很难与他人合作。可问题的关键在于，人生中的大部分任务都需要借助合作才能完成。和那些公开与社会开战的人一样，跟社会保持距离的人在很大程度上会仇视人类社会。学者们很早便针对此做出了很多研究，我们接下来的重点就是详细讲解集中相对突出的性格特征。

一、隐居避世

避开喧嚣的世俗有很多表现方式，一般来说，远离社会的人都少言寡语，不愿意盯着别人的眼睛，不愿意倾听，或者在别人说话时心不在焉。在一切社会关系中，甚至最简单的社会关系中，远离社会的人都表现得非常冷淡，一副拒人千里之外的样子。他们的行为、语言，如握手的方式、讲话的语气、拒绝问候的姿态等等，都明显地表现出这份冷漠的态度，即他们在用自己的一举一动、一言一行告诉大家，他们是和其他人有距离的。

实际上，在这类人表现出来的所有冷淡、孤立中，隐藏着他们的野心和虚荣。也就是说，他们通过突出自己与社会的不同来抬高自己，以便获得至高无上的优越感，不过他们所得的不过是一种想象中的荣誉罢了。可见，这种自我放逐的态度表面上看不会产生危害，但实际隐藏着很深的敌对情绪。除了个人，社会组织也会出现这种孤独的特征。大家都知道，有些家庭闭门杜户，紧紧将自己封闭起来。从这样的表现中，我们可以清楚地看到他们对外界的敌对情绪，看到他们自负，以及自认为自己最优越、最高贵的思想。这种封闭、自闭的特征也可能出现在阶层、宗教、种族和国家中。我们都可能会有这样的经历：来到一座陌生的城市时发现，这里有各种各样的房屋。通过这些不同风格的房屋，我们能了解其主人处于何种阶层、何种地位。

把人划分为彼此隔绝的民族、宗教流派和阶层，在人类社会中是经常出现的现状。隔绝造成的后果是非常严重的，它必将导致历史悠久的传统越来越封闭，落后于时代的程度越来越深，继而导致彼此之间的矛盾越来越多，难以调和。有些居心不良的人会为了满足自己的虚荣心，趁机挑起不同群体之间潜在的矛盾，制造冲突。不管是个人，还是阶层，如果选择通过这种方式来满足自己的虚荣心，一般都自恃清高，对自己和自己的道德都有很高的评价，并喜欢采用各种手段来证明他人有多糟糕。这些好斗的人如此费尽心思地突出不同阶层或民族之间的矛盾，最大的目的就是抬升自身的人格和优越感。就算在他们的挑唆之下发生了悲剧，如惨烈的世界大战，他们也不会有任何内疚的感觉。这种人的心里一直有种不安全感，这也是他们热衷挑起事端的原因。为了显示自己的优越感和孤立，驱除内心的不安，他们便试图损害他人的利益，而这个行为必将导致他们越来越远离人群，不断加深他们的孤独，最终沦为孤独的一个人，下场悲惨。可以想见，这种人一般很难在人类社会中有什么大的发展。

二、焦虑

一般来说，厌世的人性格中都带有一些焦虑成分。焦虑是一种极其普遍的性格特征，终生围绕在一个人身边，让他饱受折磨，无法与他人交往，也无法享受平静的生活，并且还会使他失去自己有可能为社会做出巨大贡献的信心。焦虑可以影响人类的一切活动，在焦虑的作用下，一个人可能不敢审视自己的内心世界，也不敢直面外部世界。

如果焦虑感是因为害怕孤独，那这个人就会努力摆脱孤独。如果焦虑感是因为畏惧社会，那这个人就会努力摆脱社会。我们已经熟悉了那些只想着自己、不考虑他人的焦虑之人。这种人一想到有个自己必须要解决的生活问题，就会不由自主地表现出焦虑情绪。例如，当他们开始做某件事时，不管这件事容易还是困难，他们最初的反应都是焦虑。不管这件事是离开家人还是离开朋友，是工作还是爱情，都是这样。这种人跟社会生活、跟其他人都没有什么联系，遇到任何小事，都会忐忑不安，害怕危险会降临到自己的头上。显而易见，焦虑的人因为这种性格特征而导致人格发展受到阻碍，无法为公共利益奉献自己的力量。并不是所有的焦虑之人都会在遇到问题时紧张得全身颤抖，然后立马逃走，在某些情况下，他们会拖延时间，为了推卸责任而极力寻找各种借口。这种人整天都在忧心忡忡，却从未意识到这样一个规律：他们必定无法逃避焦虑，就算逃过了这次，还会有下次。

值得思量的是，有一部分人总是喜欢回忆往事或思考死亡。但实际上，回忆就是一种自我流放，不过由于回忆不会伤害他人，因此很多人认为沉迷在回忆之中并不是糟糕的事情。还有一部分人对死亡和疾病充满了恐惧，并由此喜欢寻找借口来逃避一切责任和义务。他们大肆宣扬一些消极的观点，如万事皆空、一切都没有意义，以及人生苦短等，以此来逃避直面现实生活和责任与义务。还有一些人则把希望寄托在天堂、来世上，对于这类只重视来世的人来说，今生只是徒劳挣扎的、毫无意义的人生经历，这和宣传一切都没有意义在本质上没有区别。热衷于回忆的人，在虚荣心和野心的作用下，无法接受任何有可能会暴露其自身价值的所有考验，因此会想尽办法逃避考验。我们发现，与陷入回忆的人一样，热衷于死亡和来世的人，也在追求相同的目标：希望自己成为像神明一样了不起的人，希望能够凌驾于他人之上，渴望拥有征服死亡和疾病的能力。正是因为这种目中无人的野心，这类人很难适应现实生活。

最早、最简单的焦虑表现为孩子一个人被丢下时，会很害怕，吓得颤抖。对于这样的孩子来说，希望有人陪伴是为了特殊目的，所以单纯的陪伴并不能满足他的要求。当母亲离开他时，他会焦虑万分，迫切希望母亲能回到他的身边。这种举动只能表明，母亲在不在他身边并不重要，重要的是母亲听从他的命令，受他控制。由此可见，这样的孩子并没有培养出独立精神，反而因为父母教育的失误，导致孩子为了让他人能够帮助自己而使用各种不当的手段。

我们都知道孩子表达焦虑的方法，当孩子身处黑暗或黑夜中难以看清身边的环境，不能感受到家人时，就会焦虑万分，他们只能通过又哭又闹来平息黑暗带来的恐慌。如我们刚才所说的，如果有人听见他们的哭声，急忙赶来，他们会要求来人开灯，并陪他们玩耍。随着他人的言听计从，孩子的焦虑会立刻消失，不过如果他们的安全感和优越感再次遭到威胁，这种焦虑还会出现。正是靠这种焦虑，孩子的掌控权再次得到巩固。

同样的现象，也会出现在成人世界。有些人不喜欢独自外出，这样的人往往会因为与众不同的言行而很容易辨识出来。如有些人走在大街上时，总是显得很慌张，四处观望；有些人总是避免乱走，待在原处；而有的人却像后面有敌人追赶似的，走得飞快。生活中确实有这样的女性存在：她横穿马路时一定要有人扶着，尽管她本人并不因生病而体力不支；就算是遇到微不足道的事情，她也会感到焦虑与恐慌，即使她平时身体健康、健步如飞。有时候她刚出家门就觉得很焦虑，缺乏安全感，而她自己根本无法掌控。有个例子非常有趣，就是在非常空旷的场所感到很恐慌的精神疾病，即恐旷症。恐旷症的一般症状就是，总是觉得自己可能遭到故意伤害，认为有某种东西将自己与其他人隔离开来。我们认为，有些恐旷症病人还担心自己会摔跤，但这只不过说明他觉得自己高高在上、备受尊重。由此可见，对权力与优越感的追逐，隐藏在病理性恐慌中。对很多人来说，焦虑显然是一种能够有效逼迫他人时刻陪伴自己的方法。焦虑之人总会在别人走出房间后感到心生焦虑，所以大家只能陪在他的身边，对他唯命是从。如此，焦虑之人利用焦虑为身边的人制定了一条规定：每个人都必须听他的，他是掌控众人的国王，所以他无须考虑他人的想法。

如果想要战胜自己的恐慌，就必须将自己与整个人类的命运连接起来。只有明白自己是全人类的一分子，一个人才能坦然地生活下去。

我们再说一个有意思的案例，发生在1918年，一个革命年代，地点在奥地利。当时，很多病人突然不愿意前往医院继续看病，理由是时局如此混乱，谁也不能保证路上会遇到什么人，如果穿得比其他人好一点，就更不知道会有何种遭遇了。

当时，大家都非常悲观和沮丧，但只有生病的人有上述观点，这一点非常值得注意。他们为什么会产生这样的念头呢？他们这样担惊受怕，是可以理解的，因为他们平时与人交往太少，结果一旦处在革命时期这样的特殊时期，他们就会觉得自己所处的环境非常不安全。其他人因为觉得自己是社会的一分子，还不至于焦虑成这样，还会像以前一样继续生活。

焦虑还有一种表现方式，就是胆小，这种表现方式并不引人注目，显得相对温和。前面我们谈到的关于焦虑的所有内容，都适用于胆小。胆小的孩子就算是在简单的社会关系中仍然会选择避免与他人接触，甚至摧毁自己已经建立的关系。胆小的孩子一定很难从与他人的交往中发现乐趣，他们既自卑又自大，总觉得自己与众不同。

三、懦弱

有些人觉得自己面临的所有任务难度都很高，觉得自己没有信心做好任何事情。这种人共同的特征就是懦弱。这类人根本不能干净利索地完成自己的工作，因为他们总是缺乏热情，在遭遇考验的时候完全停滞不前。那些不安心工作的人就是这一类人，他们突然会发现自己根本不适合自己选择的职业，甚至会为了放弃这类工作而编织各种各样、强词夺理的理由。除了做事缺乏热忱，懦弱的人都非常小心谨慎，非常在乎自己的安全，为了保护自己花费大量的心思，目的就是逃避自己的责任。

作为一种比较普遍的性格特征，懦弱的相关问题都被个体心理学家统称为“距离问题”，并且已经给出了明确结论。只要以个体心理学的理论为依据，我们就能客观评价一个人，还可以判断出这个人在多大程度上解决了人生的三个重要问题。这三个问题指的是：第一个问题，如何解决社会责任感问题（也就是我和你、你们的关系，或者可以说是个人和他人、社会之间的关系），具体来说就是个人如何做出选择；或者是利用正确的方法让自己与他人的关系更加密切；或者是运用错误的方法让自己与他人的关系更加疏远。第二个问题是职业和工作。第三个问题是爱情和婚姻。如果能够明确一个人在解决这三个问题时犯了何种错误，我们就能归纳出这个人的总体人格，并能根据他的所有表现总结出人性的一些普遍特征。

正如前文所说，一个人之所以会养成懦弱的性格特征，是因为他迫切想要逃避自己的责任。懦弱的性格除了造就黯然、消极的态度，也能给人带来一些益处，有些人确实宁愿成为一个懦弱的人，也要得到这些好处。因为懦弱的人在没有任何准备的情况下做了某件事，如果他失败了，也能得到他人的理解，所以他的人格和虚荣心不会轻易受到伤害，他便心安理得地觉得自己的处境很安全。这就好比走钢丝，他能确定自己很安全，因为就算掉下去了，也会有钢丝网保护他。而且他还会列举各种理由来为自己的失败辩护，例如，他会说如果自己早一点准备，准备充足一些，就能达成目标，因此他的自我价值感几乎不会受到威胁。这说明，在他看来，该为失败负责的是种种复杂的环境因素，而不是他的人格缺陷。他没有完成任务，完成大家的期望，就是因为这些环境因素的阻碍。但如果他什么都没有准备就获得了成功，那这个成功就是相当伟大的。这个情况其实很容易理解。如果一个人勤勤恳恳履行责任，就算他获得成功了，大家也不会觉得惊奇，因为成功对于他来说是理所当然的事情；但如果是一位磨磨蹭蹭、准备不充分的人获得了成功，大家自然会对他刮目相看，觉得他是一位大英雄，可以用一只手完成别人需要两只手才能完成的事情。

这就是所谓的迂回心理，这种心理能给个人带来一些好处，展现出个人的野心与虚荣心，同时还说明个人喜欢扮演英雄的角色（至少感觉上是这样）。可以说，一个人采取这种态度，唯一的目的就是满足自我膨胀的心理，并获得更多的特权。

下面我们来看看那些逃避生活的人，这些人为了逃避人生问题，通常会故意制造一些阻碍；如果实在躲不过，就拖拖拉拉、心不甘情不愿地做事情。在这种迂回曲折的态度中，我们可以看到一切恶劣的生活习惯，如懒散、频繁换工作、工作不负责等。甚至连这些人的举止都会出现这种态度，如走起路来柔软又灵活，像蛇一样。究竟是什么原因造成了这种走路的姿势？我们姑且认为是因为这类人想要逃避生活，才采用了这种迂回曲折的方式。

我们可以用一个生活中的真实案例，来详细加以说明。有一位对生活感到绝望的男子，任何事物都无法让他快乐起来，而且他还一心想要自杀。从这个人的整个状态来看，他几乎已经成了苟延残喘的活死人。在治疗中得知，这个人是家中的长子，他有两个弟弟。他的父亲成就非凡，是一位有野心、精力和毅力的人。他备受宠爱，大家都期望他能子承父业。他的母亲很早就去世了，不过他与继母相处很好，大概是因为他的父亲将他照顾得很好吧。

作为家中的长子，他非常迷恋权力和力量，他的一切行为和性格特征都带着霸道的色彩。在学校，他一直名列前茅，毕业后也确实子承父业，对周围的人总是很和蔼、非常亲切。他说话态度很友善，对待员工也很好，付给他们很高的薪水，并通情达理，满足他们的一切合理要求。

然而，1918年革命开始后，他突然发生了改变。他开始抱怨员工做事没规矩，给自己带来很多烦恼，并怨声不断。以前，员工有需求的时候总是来请求他，现在他们是在要求。这让他极度愤怒，以至于想要离职了。

从上述做法中，我们可以清楚地看出这个人是在采取迂回曲折的生活态度。他平时是一位善良的管理者，但这是有前提的，那就是权力一定要牢牢掌握在他的手中，而一旦他的权力受到了威胁，他的教养便会彻底消失。这种人生哲学，不仅损害了工厂的管理，甚至也妨碍了他的私人生活。在日常生活中，他原本是一位和蔼可亲的人，但他却迫不及待地想要证明自己是一家之主。他认为，运用个人权力掌控他人，是他唯一重要的事务。不管是站在社会关系，还是站在商业角度上来看，这样的独断专行都是完全行不通的。结果，他无法在工作中享受到权力带来的任何快乐，他便想放弃事业。他的这种态度对于那些不受他控制的员工来说，就是一种无声的指责。

在这种情况下，他唯一的选择就是借助虚荣继续坚持。然而社会开始动荡了，他无疑受到了强烈的影响。由于本身并没有得到全面的发展，他很难根据时局的变动做出相应的改变，也很难制定一系列新的行为规则。因此，几乎可以肯定地说，他基本没有任何发展的可能性，因为他的人生目标非常单一，他唯一的欲望就是掌握权力和拥有高高在上的地位。当他没有能力掌控现实生活时，就只能依靠虚荣来维护自己的人生目标，他的性格也就由虚荣主宰了。

调查显示，他的人际关系非常不完善，除了那些觉得他很优秀、愿意跟随他的人，他身边没有其他人，这和我们预料的一样。他非常聪明，却也比较恶毒，说话总是有理有据，但总是伤害他人。由于受不了他恶毒的言语，他的朋友们便渐渐疏远了他，结果他身边一个知心朋友都没有。他只好参加各种社交活动，以弥补自己在人际关系中的缺憾。

他千疮百孔的人格，在爱情婚姻这个问题上暴露无遗。我们可以预测在爱情生活中，他会得到怎样的结果，因为爱情要求的是最深刻、最亲密的结合，绝对不容许霸道、自负的个人私利。习惯掌控别人的人，肯定会依据自己的意愿来选择另一半。一般而言，霸道、自负、痴迷于追求优越感的人在选择另一半时，通常会选择那个不容易被征服的人，这样他就可以在不停的征服中感受到新鲜感，所以他一定不会选择那些懦弱的人。结果，他理想中的另一半当然会具有和他一样的强硬性格。这两个性格相似的人走到一起后，婚姻便成为一场没有休止的战争。我们的这位病人果然选择了一位在很多事情上比他更加霸道的妻子，婚后两人都为了坚持自己的意见，互不相让，采取各种方法来维护自己的支配地位。在这场婚姻的战争中，他们的关系越来越疏远，却又不敢离婚，因为谁也不愿意主动结束战争，都想成为最终的胜利者。

就在与妻子闹得不可开交的时候，我们这位病人做了一个梦，这个梦非常能表明他当时的心情。他梦到自己跟一位好像是女仆的年轻女子说：“有一点你要记清楚，我身上有贵族血统。”这个女子让他想起了自己的书记员。

这个梦很好解释，那就是他非常自负，瞧不起其他人。在他眼里，其他人，特别是女人，都是没有教养、地位低贱的用人。如果把这个梦和他正在和妻子交战的实际状况联系起来分析，就能明白那位梦中的女子就代表了他的妻子。

没有人了解我们这位病人，包括他自己都不了解自己。他整天目空一切地忙来忙去，不过是为了满足自身的虚荣心。自恃清高的他不愿意直面现实，希望自己能够因为不能被证明的高贵血统而得到他人的认可。除了他自己，他瞧不起任何人，觉得他们都不值一提。可以想见，这种人的生命中怎么可能出现爱情和友情呢？

采取迂回曲折态度的人，通常会竭尽全力寻找种种光明正大的理由，来支持自己的一切行为。只不过这些理由全是他们主观的看法，并不能广泛适用。如果仅仅是针对他们那件事，这些理由似乎很合理，也比较好理解，但如果用来解释其他事情就明显讲不通了。例如，我们这位病人认为自己也应该在发展社会文明这件事情上承担一些责任，因此他加入俱乐部，觉得这是拉拢朋友的唯一办法。但在那里，他除了干一些诸如喝酒、打扑克等毫无意义的活动，其他什么事情都没做过。每天晚上，他都很晚回家，第二天又异常疲惫，昏昏欲睡。后来，他有所醒悟，提醒大家说，如果想要为发展社会文明出点力，那就不要频繁去俱乐部之类的地方。假如我们这位病人在不影响工作的情况下，参加这种社交活动，那他发展社会文明的借口还算说得过去。然而，就和我们预想的一样，他本来信誓旦旦要发展社会文明，结果却连人生的真正任务都忽视了。很明显，尽管他的理由听起来堂而皇之，但他却采取了错误的行为。

这个病例充分论证了下面这个结论：导致我们偏离正确发展方向的原因，不是我们的真实的经历本身，而是我们对真实经历的态度与评价，以及我们评价和衡量这些经历的方式。每个人都可能在这方面犯错。从这个病例及其他类似病例中，我们能够发现一系列显著的错误，而且还发现病人犯同样错误的可能性很高。所以，如果我们想全面、深入地了解病人的错误，并找到帮助他改正错误的正确方法，就一定要联系病人的总体行为模式，并详细分析已经获得的病人的资料。我们这种治疗和教育有着相似的过程，因为教育也是对错误的纠正。我们首先要清晰地了解病人是如何解释自己的真实经历的，然后需要进一步弄清楚这种解释如何引导他走向错误的发展方向并最终迎来了悲惨的结局，只有这样，我们才能彻底纠正一个人在发展过程中所犯的错误。

在这一点上，我们不得不佩服古人的智慧，因为他们早已明白（或者至少预感到了）善有善报恶有恶报，并因此创作了复仇女神涅摩西斯。错误的发展方向一定会引发悲惨的结果。还有一种行为也会得到相同的结果，那就是不顾公共利益，盲目崇拜个人权力。如果一个人极度渴望个人权力，为了达到自己的目标，他可能会采取迂回曲折的方法而不顾伙伴的利益。这样做的代价，就是他会因为担心失败而忧心忡忡，甚至很容易患上一些会阻碍自己总体发展的神经性疾病，或出现神经质的言行。从他那小心翼翼、忐忑不安的表现中就能看出，他觉得自己会遭遇巨大的危险，因此每一步都犹豫不决。

逃避社会的人往往很难在社会上占据一席之地，那些能在社会上立足的人，都一定拥有一定程度上的适应能力和宽容能力，能帮助他人，而不是只想着成为高高在上的主宰者，不能只想着控制他人。可以说，这是一条普遍适用的行为规则，已经有很多人证明了它的正确性。有一些人在与人交往的过程中，总是很有礼貌，从不麻烦别人，也不让人感到困惑，但也无法让人的内心产生感动，无法让人觉得温暖和亲切。这是因为这种人总表现出对权力的过分热情，很容易让人产生压力，自然也就不愿意亲近他了。用形象的语言来描绘这种人就是：他安静地坐在那里，看上去并不开心；与别人单独交流时，他能口若悬河，但当着很多人的面，他却什么都不愿意说。这种性格时常会在一些细节问题上得到展现，如他会极力证明自己是对的，哪怕这种对错与别人没有任何关系。他唯一关注的就是最终结果是否能为自己带来优越感。对他而言，一旦证明自己是正确的或者别人是错误的，那证据就不再重要了。此外，这种迂回曲折的态度还可能会有一些让人难以理解的表现，如无缘无故觉得很累，每天忙来忙去却不知道忙些什么，失眠，满腹牢骚等等。总之，他不是怨声连连，就是唠叨不止，看上去就像一个精神病患者。

其实，他的这一切表现，都是一种狡诈的做法，隐藏着不可告人的目的，即让自己不去看那些恐怖的事实真相。他之所以选择这种迂回曲折的方法，是因为不管怎样都能得到谅解。那些非常害怕黑暗的人，一定会痛恨黑夜这一自然现象。可以确定的是，他肯定不愿意生活在地球上，不愿意遵循自然规则，他坚持认为只有让黑夜永远消失，自己才能过上正常的生活，此外，什么都不能让他满意。显然，这种人生目标是不可能实现的，不过却正好揭示了他不可告人的目的：无论什么时候，他都只想对生活说“不”。

当这类人在面对自己必须解决的问题引起的恐慌时，就很容易出现神经质的症状，以逃避生活中应该承担的责任和义务。他还会想方设法寻找理由，来推卸那些维护人类社会所必须承担的责任和义务，例如，他会找一个勉强成立的借口来拖延时间，或直接编一个借口不再处理某一件事。他的这种做法不仅会伤害他周围的人，甚至会伤害所有人。

如果我们能对人性本质有更加深入的认识，能够清楚地认知那些潜藏的、引发各种不幸的恐怖因素，那我们就可能有效地防止人们犯各种错误。但由于时间和可能存在的种种复杂状况引发的结果，我们很难在短时间内确认罪恶与报应之间的直接关系，更不用说从中得出富有启迪性的结论了。如此，又该采取何种措施来预防上面的错误呢？我们不能简单地将所有的错误都归因为“因果关系”“善恶有报”等规律，我们认为，只有总结出一个人一生的行为模式，并深刻解析其人生经历，才能明确个人全部行为的因果关系，才能找出其错误从何处开始的。

四、不文明的行为和适应力差

有些性格特征是大家公认的不文明行为或缺乏教养的行为，如咬指甲、抠鼻子、吃饭时狼吞虎咽等等。所谓真正的缺乏教养就是一个人像饿狼般扑到食物上，不懂节制，也不懂廉耻，脸上流露出贪婪的表情。他吃饭的声音很大，一眨眼就吃掉了很多事物，肚子像个无底洞。他吃得又快又多，根本停不下来。我们在平时也应该遇见过这样人，他总是不停地吃，一停下来就觉得很痛苦。

另一种不文明的表现是又脏又乱。这里所指的脏乱是平时游手好闲没事干的人表现出来的邋里邋遢，而不是人们在工作过程中的忙碌混乱或不拘小节。这些人故意把自己打扮得邋里邋遢，甚至到了令人作呕的程度，好像就是为了让人讨厌。

以上所说的就是缺乏教养的人的部分外部特征，这些特征充分说明了他们的真正意图就是与人保持距离，并和他人区分开来，他们根本不想遵守人类社会的那些游戏规则。毫无疑问，行为如此不文明的人肯定不会造福其他人。大多数不文明行为都是从幼年时期开始的，也就说成长期间不犯错的孩子基本不会存在。不过可惜的是，部分成年人并没有改正幼年时期的错误，还一直保持着当年的不文明行为。

有些人行为缺乏教养、不文明，是因为他们对人际交往存在某种程度上的厌恶。任何缺乏教养的人都讨厌与人合作，希望和社会生活保持一定的距离。如果有人耐心规劝他们改正恶习，他们一概不听。这一点也很好理解，在不想遵从人类社会规则的人来看，咬指甲等行为肯定是正确的事情。的确，想要躲开他人，还有什么办法会比脏兮兮的衣服和满身的臭味更有效果呢？一个邋里邋遢的人会让其他人尽可能躲着他，由此他就可以轻松地逃避责任、竞争，以及他人的留意，还可以逃避爱情和婚姻。还有什么办法比这个更加有效呢？他可能会失败，但却能以不文明的行为作为自己失败的理由，他会公开表示："如果这种恶劣的行为从我身上消失，我什么事干不成呢？"不过接着他又会喃喃自语："可惜啊，这些恶习确实存在于我的身上。"

我们来看一个案例，在案例中，不文明的行为简直成了一种保护自己、为非作歹的手段。有一个女孩，她已经22岁了，可是还尿床。她在家里排行倒数第二，母亲非常照顾她，因为她的身体不好。她也对母亲非常依赖，希望母亲白天黑夜都陪在自己身边。为了达到这个目的，她白天表现焦虑，晚上表现惶恐，甚至尿床。刚开始，这样的行为必然意味着一种成功，让她那颗虚荣心得到满足。她根本不管其他孩子会因为她的不合理的行为而得不到母亲照顾，只要让母亲留在她的身边，她就觉得满足了。

这个女孩还有另外一项特征，就是不擅长交际，无法融入社会，也不能去学校接受教育。每次不得不离开家的时候，都会焦虑不已；即便长大后，傍晚出去办事或者一个人在黑夜中走路，依然让她很烦恼。每次从外面回来后，她都精疲力竭，惶恐不安，还向家人讲述在途中遇到的种种可怕之事。可以看出，这些表现都意味着她希望待在母亲身边。然而由于家里经济条件不允许，就给她找了一份工作，她上班时简直就是被赶出家门的。可是两天后，她就因为尿床而惹怒了老板，被开除了。母亲因为不知道她为什么会生病而严厉地教训了她，结果，她企图自杀，幸好没有成功。如此，她母亲只好发誓说再也不离开她了。

事实上，尿床、害怕黑暗和独处、试图自杀，对于这个女孩来说都有着相同的目的。在我们看来，这一切意味着这样一种观点："我一定要留在母亲身边，无论什么时候，母亲一定会关心我！”可见，在尿床这种不文明的行为中，包含着深刻的象征意义。我们可以根据这个了解到，依据这种不良行为，我们可以恰当地评价某人，但只有对这个人彻底了解后，我们才能根据他的生活环境，帮助他改正恶习。

总之，孩子一般是为了吸引大人的注意，才会有不文明行为和不良习惯的。那些想要扮演重要角色的孩子，那些想要在父母面前表现得软弱的孩子，都会借助这种方法。大家都知道，当家里来了陌生客人的时候，很多孩子会表现得很活泼，以吸引大家的注意力。就连最规规矩矩的孩子，也会在家里来客人的时候调皮得像恶魔一样。孩子会拼尽全力去实现自己对某种角色的扮演，直到达成目标。长大后，他们又会通过种种不文明的行为来逃避社会要求，或者给别人制造麻烦，从而破坏社会和谐与公共利益。所有这些行为后面，都隐藏着专断、自大、野心勃勃的虚荣心。但由于这些行为种类繁多，变化多端，还有巧妙的伪装，想要一下子分辨出它们的起因和实质，往往难度很大。

第四章　其他性格表现方式

一、快乐

依据一个人能给他人带来多少帮助和快乐，我们可以很容易判定他到底拥有多少社会感，关于这一点我们已经注意到了，那些总能给别人带来快乐的人，看起来都很幽默，从而能够吸引更多的目光。人们总是更愿意亲近一直都很快乐的人，大家会觉得这种人富有爱心，充满同情心，并且觉得这些表现都是他们充满社会感的标志，也更加喜欢他们。这类人总是很高兴，从来不会垂头丧气和忧心忡忡，就算情绪不好，也不会影响到别人。他们总能将快乐带给身边的人，让生活更加美好，更加有意义。大家都觉得他们是善良的人，觉得他们的一切行为，包括为人处世的态度、讲话的方式都善解人意，他们的一切诸如服装、姿态、情绪和笑声等外部表现都得到了很高的评价。

每一个人身边都有这样的人。陀思妥耶夫斯基是一位颇有眼光的心理学专家，他说："比起枯燥的心理学理论，根据一个人的笑声更容易了解这个人的性格。"当然，笑的种类有很多，有的笑声能增进人际关系，有的则相反。例如，那些缺乏同情心的人喜欢发出落井下石的笑声。还有的人根本就不会笑，他们逃避社会和他人，不但没有能力让自己快乐，更没有能力让别人快乐。还有一小部分人也很难为他人带去快乐，他们总是看到生活中悲惨的一面，缺乏乐观的态度。只要有这种人的地方，总是阴沉沉的，就好像他们故意要遮挡一切光明似的。他们平时没有半点笑容，只有在迫不得已的时候，或者希望别人觉得他们快乐的时候，才会勉强笑一笑。富有同情心的人，与那些对人类社会充满敌意的人，从这里就已经能看出分别了。

与富有同情心的人截然相反的人，是那些热衷于败坏他人兴致、强行干预他人的人。这些人到处宣扬，整个世界的每个角度都充满哀伤和痛苦；他们在人生旅途中艰难行走，仿佛不能承受生活的重担似的。不管是多么小的困难，都被他们夸张渲染，在他们眼里，未来一片黑暗、令人失望。而且他们还会在别人开心的时候，打击对方的积极性。由此可见，无论是对自己，还是对其他人，他们都是彻底的悲观主义者。看见周围的人生活很好，他们就会感到焦虑，企图在幸福生活中找到糟糕的东西。他们或者用语言来败坏他人的幸福，或者用行为干扰他人的幸福，这样不仅会妨碍别人的幸福生活，还会让人觉得他们是毫无人情味的人。

二、思维方式和表达方式

有些人容易给别人一种极度虚伪、做作的感觉，从而让人印象深刻，这是因为他们的思维方式和表达方式。每当他们思考或者讲话的时候，这种人的思维就仿佛被各种名言警句和俗语控制了，只要他们一张嘴，旁人就能立马猜出他们要说什么。他们满嘴套话，就像那些低级小说，全是从不入流的报纸上学来的陈词滥调。在这种表达方式中，我们能清晰地看出他们究竟是何种人。他们会想，也会说很多普通人不愿意或者不能说的话。有时候，连他们自己都很吃惊，自己说的话是如此粗鄙庸俗。不管遇到什么问题，他们都会熟练地说一堆套话，会按照不入流的报纸、电影中老套的方法来思考和行动，全然不在乎其他人在这个问题上是怎么看的。总之，除了那些老生常谈，他们没有任何想法，而这恰恰说明他们的心智发育并不健全。

三、幼稚

有一些人，总让人觉得他们从小学阶段就停止发育了。这类人在家里、工作中、社会上表现得都跟孩子没什么两样，他们总是很认真地听别人讲话，同时急切地想要寻找发表意见的机会。在公共场所，他们总是抢着回答所有的问题，迫切地想让大家自己了解的一切，然后好给他们很高的评价。这种人只有在固定的生活环境中才觉得安全，一旦生活环境发生改变，就会变得非常忧虑，因为他们的幼稚的行为根本不能应对改变了的生活环境。这种人在知识分子中更加容易出现。每当处于一种陌生的环境中时，他们不是表现得非常冷漠、庄重，很难与人接近，就是表现出一副博学、自信、满腹经纶的样子。

四、迂腐和坚持原则

有意思的是，非常迂腐的人往往喜欢采用相同的做法来处理事情，即根据他们认为具有普遍适用性的原则来处理事情。对他们来说，这种普遍适用性就是他们的信仰，是他们不可或缺的精神食粮。如果这个原则不能适用于某个问题，他们会为此耿耿于怀。看吧，这些人就是如此迂腐！我们都清楚，正是因为他们极度缺乏安全感，他们才会有以上表现，才会觉得一定要用有限的几条法则和定律来框定人生中的一切。如果遇到无法用规则或定律约束的事情，他们唯一能做的就是逃避。如果其他人遵循的规则和自己不一样，他们会不高兴，觉得自己受到了伤害。毫无疑问，这种固守原则、不懂得变通的做法一定会给人带来极大的权力感。如果一个人过于坚守原则，一定会觉得自己掌控了一种真理。在现实生活中，有很多人会拒绝服兵役，理由是为了自己的良知，但这实际上是一种反社会行为。我们认为，这些借助良心来拒绝服兵役的人，其实具有很强烈的虚荣心和控制欲，这才是最根本的原因。

固守原则的人，就算在工作中勤奋认真，成绩突出，也抹不掉他们身上表现出来的迂腐和乏味的学究气。他们多半缺乏创新，没有太多的兴趣，满脑子都是让人难以置信的奇怪思想。例如，他们之中的有些人可能会养成一些奇怪的习惯，如只在楼梯的外侧或石板的接缝处走路，还有一些人则绝不改变自己已经习惯的路线。他们对生活中的人和事往往缺乏同情心，他们因为固守原则而耗费了太多的时间和精力，随着时间的推移，他们的执拗、自负，以及对身边环境的排斥将会变得越来越严重。由于他们一直拘泥于自己的原则，不懂得变通，执意相信做任何事都要依照规矩，无论什么事情，如果缺少了他们神奇的规则与定律都不可能做到，如此，他们自然无法面对那些对他们来说非常不熟悉的新状况，并最终迎来绝对的失败。既然有可能会遇到危险，那他们一定会谨慎避免有所改变。对于这类人来说，他们会因为自己好不容易适应了冬天的气候而不愿意迎接春天，他们害怕外面越来越温暖的环境，害怕在这样的环境中见更多的人，结果情绪越来越糟糕。总之，这类人会一到春天来临时就抱怨自己不舒服。由于较低的适应能力，这类人并不适合创新类的工作，除非他们把这个缺陷改正过来，否则没有一个老板愿意让这类人去做有挑战的工作。其实，这种性格特征只是一种不正确的生活态度，并不是遗传或者不可改变的。这种生活态度深深根植于这种人的内心，进而控制了他们的人格，最终被他们心中深深根植的成见绑住，并牢牢拴住。

五、温顺

有一种人无法胜任需要创新的工作，即性格太过温顺的人。如果有人向这种人下达命令，提供方法，这种人便不再有其他什么想法，会心安理得地接受。他们已经习惯了在生活中遵从其他人制定的规则与法则，以至于几乎是不由自主地选择不需要太多创新的工作。这种温顺的态度在平时的生活中，经常能看见，如有的人会表现出点头哈腰、小心翼翼的姿态，这其实就是最温顺、常见的表现方式。这些人已经习惯了对别人恭顺行礼，专心聆听别人的话，毫不犹豫地执行别人的命令或者复述别人的思想。在他们心中，温顺和服从就是尊敬的代名词。这种想法有时候会固执到让人觉得不可思议。有些人甚至因为没有可以服从的人而不能得到真正的快乐。当然，这并不意味着那些想要控制别人的人是最佳的人类模范，而是只想说明，如果只依靠温顺来解决人生的问题，这样的人一定怀有不可告人的目的。

确实有很多人认为温顺是一种基本的人生行为规范，并且这并不是仅仅针对用人或者女性。有一项虽然不成文但却根深蒂固的行为规范认为，女性应该具有顺从的美德。甚至有的人将这个规范当成了一项不可动摇的真理，女性存在的唯一意义就是坚持温顺。这个观点对人类文化和一切关系造成了很严重的伤害，以至于直到现在我们也无法铲除它的恶劣影响。甚至很多女性也相信自己应该永远遵守温顺、遵从的法则。不过，谁也不会从这个观点中获得利益，相反还会有人发出怨言，如果女性不是这样温顺的话，或者所有的事情都有可能得到改善。

我们可以从下面这个例子中得出两个结论：第一个是没有人能够做到对别人百依百顺；第二个是温顺的女性迟早会变得非常依赖他人，并成为对社会没有什么好处的人。有一个女士与一位很有名的男士相爱，并结了婚。婚后，两人都觉得，女人应该温顺。久而久之，对于这个女人来说，不停地履行家庭责任、照顾家人几乎成了她人生的全部内容，她好像变成了一台机器，她逐渐没有了独立自主的思想，身边的人也觉得她的百依百顺没有什么问题。不过，她的这种温顺并没有给任何人带来好处。

这个案例中的当事人都具有比较高的文化层次，所以情况并没有演变到不可收拾的程度。可是，大多数人并没有这么幸运，因为由女性必须温顺这个的思想所引发的矛盾非常多。例如，有的丈夫固执地认为妻子天生就应该温顺，那他和妻子之间一定会产生矛盾，因为无条件服从他人命令的人是根本不存在的。

那些深受女性就该温顺观点影响的女性，在选择丈夫的时候会选那些看起来有点霸道专横的男性。但这种关系非常不自然，迟早有一天会导致公开的夫妻战争。这种女性的温顺，有时候还会给人一种故意为之的感觉，目的就是为了证实女性的温顺是多么愚蠢，于是以一种荒诞的方式表现出来。

事实上，我们一早便已经了解了如何避免夫妻之间的矛盾：夫妻二人想要生活和谐，就应以合作式的劳动分工作为基础，即夫妻双方是平等合作的关系，没有谁是征服者或被征服者。就目前来说，这看起来更像是一种理想，不过它至少是为了制定用于平衡个人文明程度的一项标准。

在两性关系中，温顺起着重要的作用，即让女性背上了难以摆脱的沉重负担。温顺同样在阶级关系中发挥着重要的作用。在古代，实行的社会政治经济制度是奴隶制，确切说，现在世界上的绝大多数人都可能是奴隶的后代。几个世纪以来，尽管界限鲜明、相互对立的两个阶级的历史已经过去了，但直到今天等级制度也并没有完全消失，有的人仍然不得不屈服于另一个人，并随时可能滋生出一个特殊阶层。在古代，普遍的观点是劳动这样低贱的事情应该由奴隶来做，主人不必从事一般的劳作，免得弄脏了自己的手；此外，主人除了发号施令，还具备一切优秀的品质。总之，当时的统治阶层是一群最优秀的人。这一点从日常的用语中就能表现出来，如希腊语中的“贵族”就是最优秀的人；“贵族统治”就是优秀的人对国家的治理。可是，“最优秀”这个词与道德品质无关，完全是由权力决定的，也就是说，道德评判只是针对奴隶而言的，与贵族没有关系，贵族天生的职责就是掌控权力。

直到今天，过去的奴隶制度和贵族统治，依然对人们的思想产生影响。人类社会发展的趋势是人与人之间的关系变得越来越平等，越来越密切，过去的等级制度将失去一切意义。可是，就连伟大的思想家尼采，还在这种情况下宣扬应该由最优秀的人来统治大众，大众必须服从。可见，要消除我们头脑中根深蒂固的等级观念，让大众相信所有人都是平等的，这仍然不是一件容易的事情。不过，只要所有人都有平等的思想，这已经是人类文明的巨大进步了，而且这个观念还能约束我们的行为，在某种程度上也能起到一定的作用。有一些太过温顺的人总是喜欢感谢他人，总是在说对不起，但我们千万不要相信他们是心甘情愿的。这种人常常为自己不幸的命运而暗暗感伤。

六、专横霸道

与上面过度温顺的人形成强烈对比的是那些高居支配地位、

渴望成为主角的独断专横的人。这种人终其一生都在思考："我怎么做才能超越他人，高高在上呢？"可以想象的是，这种心愿不可能完成。不过，只要专横霸道的人没有太多的敌对情绪或侵犯举动，他们在某种程度上也能发挥一定的积极作用。每当大众需要一名领袖时，专横霸道的人便会站出来，因为他们渴望发布命令、组织大众。在动乱或者革命时期，这类人往往表现得非常出类拔萃，积极推进时代的发展。他们之所以能够脱颖而出，是因为他们具有领袖的姿态、态度、欲望，并一早就为此做好了准备。所以，除了他们，其他人也不可能表现得如此优秀。他们在家中习惯发布命令，就算玩游戏也一定做国王、掌权者、将军，否则他们肯定不高兴。只要是别人在发号施令，而他们只能听命，他们就会觉得焦虑，甚至无法做一些微小的事情。如果在和平时期，他们就会成为生意场和社会上的领袖。他们积极奋进，总是站在最醒目的位置，时常发表个人的观点。现代社会对这种人的评价很高，对此我们有不同的意见，不过对于他们本人我们没有意见，只要他们不破坏社会生活的游戏规则就可以。可以说，这种人是一群站在深渊边缘、亦正亦邪的人，因为在组织生活中，他们不可能像其他成员一样遵守规则，也不会与其他成员和睦共处。此外，除非他们能通过一种方式证明自己确实比其他人水平更高，否则他们会一直生活在紧张之中，内心不得片刻安宁。

七、情绪和性格

有的心理学认为，一个人的生活方式与工作态度是由他遗传的情绪和性格决定的，但这根本不成立，因为情绪和性格并不是遗传的。有些人的情绪和性格是由虚荣影响的，感觉很敏感的人会寻找各种理由表现出对生活的不满。过度敏感就像伸出去的触角一样，在靠拢新目标时，要先探究一下，再决定接下来要怎么做。

还有一种人总是看起来兴高采烈，不断强调生活中好的一面，极力营造出一种快乐的气氛，并且始终将快乐定为人生的基调。这种人总能展现出程度不一的快乐，其中的一些人会像孩子一样快乐，不过这样的快乐中包含着一些幼稚的、却能打动人心的东西。他们绝不会逃避自己应该面对的工作，遇到问题时，就会像猜谜语或做游戏一样，以一种孩子气的游戏态度去解决。可以说，这种态度是最美妙、最打动人心的态度。

还有一种人似乎快乐得过了头，即便在应该庄重的场合也像孩子一样嘻嘻哈哈。用这种态度对待本该严肃的场合，会给人留下恶劣的形象，所以不可取。如果看到他们工作不认真，我们一般会判断他们不值得信赖，不负责任，于是自然不可能交给他们去负责那些真正重大的工作，而这正是他们所希望的。不过，这类人并不是一无可取，与终日愁苦的人相比，和他们在一起工作会觉得非常快乐。通常情况下，相比那些总是满怀悲伤、只看到生活阴暗面的悲观主义者，快乐的人更容易与人和睦相处。

八、不幸

心理学上有一个基本的常识，即如果一个人忽视社会生活的绝对真理与必然规律，那他终有一天会遭受报应。犯这种错误的人一般都不会从此借鉴失败的教训，反而觉得自己的不幸是命运的不公平所安排的厄运。他们会花费一生的精力来证明自己是不幸的，证明他们之所以会失败是因为他们最终得到的一切都被不幸掌控，无一幸免。甚至有些不幸的人会为自己的不幸而感到骄傲，就好像自己命中注定会被某种不寻常的力量选中，才如此遭受厄运的。但我们经过深入研究发现，这其实是虚荣心在作怪。仔细观察这些人的表现，会发现他们好像被某种恶魔控制，专门迫害他们。他们深信，无论是自然因素，如狂风、闪电，还是人为原因，如盗贼、灾难，全都故意挑他们下手。

上面这些表现，在任何一个喜欢在所有活动中成为焦点的人一切行为与思想中，都会有所流露。毫无疑问，对于任何一个人来说，总是厄运连连会非常被动和孤立。不过，对有些人来说，自己之所以这样是因为所有的对手都在进攻、报复自己。这种人从小就有一种痛苦的信念，相信那些大盗、凶手、鬼魂好像除了伤害他们，不会做其他任何事。可这种想法在我们看来，除了说明他们具有很强烈的虚荣心，什么作用都没有。

可以想象，他们的所有行为都是为了体现这种态度，如走路时，他们就如同背负着沉重压力一样，直不起腰。这不禁让人想起希腊的凯瑞亚迪斯，他生生世世都在支撑着神殿及其中的圆柱。如此，我们就很容易理解，这种人为什么事事不顺了，因为他们总是用悲观、沉重的态度对待所有事情。他们总是如此悲惨的原因，就在于他们不仅仅破坏了自己的生活，还困扰了其他人的生活。而这一切的根源，就是他们的虚荣心，他们觉得自己的不幸经历也能有效地吸引他人的注意。

九、宗教狂热分子

有一些人很容易误会他人和生活，他们最终选择信仰宗教，并打着宗教的旗帜继续做自己之前所做的事情。他们常常满腹抱怨，习惯将自己的痛苦和烦劳倾诉给上帝听。不管做什么事情，他们都只考虑自己，不考虑别人，他们相信上帝之所以存在就是为了帮助他们满足需求的。无论他们做了什么，神圣的上帝都为他们负责。在他们看来，依靠一些人为的手段，如祈祷时更加投入，以及其他一些宗教仪式，可以拉近他们与上帝的距离。总之，亲爱的上帝除了关注他们的问题和烦恼，细心照顾他们，不会理会其他任何事情。这样的宗教崇拜很明显带着大量不符合正统的理论，如果在过去那种宗教法庭，这些狂热的宗教信徒可能最先被烧死。他们认为上帝就是他们的同伴，除了可怜兮兮向上帝倾诉自己的痛苦，从来没有采取任何实际行动来改变自己的处境，或者自救。他们认为，合作是其他人的义务和责任，跟自己没有关系。

接下来，我们来说一个案例详细证明这种虚荣的自我中心主义到底能膨胀到什么程度。这是一个18岁的女孩，勤奋上进，但虚荣心与进取心同样强烈。她的这种进取心在她的宗教信仰中得到了淋漓尽致的展现。例如，不管在哪种宗教仪式中，她都一丝不苟、认真虔诚。她曾异常责备自己，因为她觉得自己违背了戒律，觉得自己的信仰中掺杂了太多不符合正统的异端成分，并经常觉得罪恶的念头出现在自己的脑子里。自责耗费了她所有的时间和精力，她的自我谴责如此强烈以至于大家都觉得她精神失常了。她整天跪在角落里自责，人们对此束手无策，也没有任何理由批判她。有一天，一位牧师试图消除女孩心中强烈的负罪感，便说她一定会得到救赎，因为实际上她从来没有真正犯过什么罪。第二天，女孩在路上拦住牧师，用严厉的口吻告诉他，由于他已经把她身上的罪过转移到自己身上，他已经没有资格进入教堂了。到了这里，我们已经不用再讲下去了。因为它已经足以说明进取心是如何与宗教信仰交织在一起，虚荣心又是如何让一个人以为自己就是美德与罪行、神圣与堕落、善良与罪恶的法官。

第五章　感情与情绪

前面我们描述的性格特征增强后，就成了感情和情绪。情绪表现为自觉或者不自觉的突然发泄，可以说是特定时间范围内的心灵活动。和性格特征类似，情绪的宣泄也有确定的目标和方向。至于感情，它并不是不知如何解释的、神秘莫测的现象。一个人之所以会产生感情，是因为他想改变自己的处境，却又不想违背自身的生活方式及行为模式。例如，如果周围没有仇敌，那个人肯定无法气愤，即气愤这种感情会出现，是人为了打败仇敌。总之，作为一种心灵活动，感情和情绪更强烈，也更激烈。当一个人想不出达到目标的好办法，或者丧失了自信，感情或情绪就会出现，这并不受人控制。

还有一种人，在自卑感和无力感的逼迫下，会用尽一切办法拼命奋斗，坚信“吃得苦中苦，方为人上人”。由于心中有强烈的不安全感，人们会为了消除这种感觉，获得优越感而给自己制定一个目标，就算自己没有充足的自信达成目标，他们也不会放弃目标，而是依靠感情和情绪的加倍付出而不断接近目标。那些深受自卑感困扰的人，也会借助感情和情绪的宣泄集中起全身的精力，强势而激烈地去达成自己的目标。总之，一个人借助情绪与感情这种更加强烈的心灵活动，实现目标是完全可能的。如果这个方法不管用，个人也不会展现太多的感情和情绪。

由于与人格关系密切，感情和情绪成了所有人都拥有的普遍特征，而并不是一个人或一个集体的特殊特征，只是不同的人拥有的程度也不相同。每一个人在身处一定的特殊情境时，都会流露出相应的特殊情感，我们暂时称之为“感情适应能力”。感情是人类生活中不可或缺的，每个人都会对各种各样的感情有所体验。只要我们对一个人的了解足够深入，就算我们从来没有和这个人接触过，我们也能想象出他习惯流露的感情和情绪。由于身体与心灵是不可分割的整体，因此身体一定会受到感情或情绪的影响，因为感情和情绪是根深蒂固的心灵现象。例如，由感情或情绪引起的具体生理现象有面红耳赤、脸色苍白、脉搏加速、呼吸加快等血管或呼吸道器官的变化。

一、分离性情感

（一）愤怒

愤怒这种情感将一个人对权力与控制地位的强烈欲望，充分表现出来。这种情感的目标也很明显，就是将挡在前面的所有阻碍快速清除。在此之前，人们已经进行了很多研究，来证明愤怒的人在追求优越感这件事情上是如何全力以赴。然而，对认同的追求在某些情况下，会演变为对权力的追求。这样，如果自己的权力受到一丁点的威胁，人们就会大发雷霆。他们相信，由于之前的经验教训，他们才能不费吹灰之力打败敌人，实现目标。尽管这种方法并不是很好的办法，但大多数时候都能有效果。可能不少人都记得，他们是如何借助愤怒来夺回自己的威望的。

有一些愤怒是可以让人理解的，不过这里说的并不是这种有充足理由的愤怒，而是一种经常出现、习惯性的、有目标的强烈反应。有些人将愤怒当成自己唯一的解决问题的方法，他们能够非常熟练地利用愤怒来吸引他人的注意。这种人一般都非常自负、敏感，他们既不能容忍别人的水平和他们相当，更不能容忍别人超越了他们，只有自己超越他人时，才能产生满足感。他们唯恐别人超越了自己，或者对自己的评价过低，为此他们目光敏锐地四处观察，随时保持警惕。敏感的人还常常疑心很重，一般很难相信别人。

还有一些其他性格特征和愤怒、敏感、疑心重密切相关。总是想着超越别人，肯定会遇到很多问题，以至于难以适应社会，因为他们不敢直面艰难的任务。在自己的心愿无法达成时，这种人只会采用让人厌烦的方式，如打碎镜子或者昂贵的花瓶等，来公开表达自己的抗议。即便过后他们会道歉说自己当时完全丧失了理智，不知道自己在做什么，这也很难让人相信，因为他们想伤害身边人的欲望太强烈了。而且，他们总是打碎值钱的东西来发泄自己的愤怒，不值钱的东西从不动，由此也可以看出他们的行为是有意且有计划的。

在小范围内，这种方法可能会有一些作用，但在更大的范围这种方法就不大有效了。因此，爱动怒的人可能很容易就与外面世界发生正面冲突。

对于愤怒这种情感，大家基本都很熟悉了，只要一提到“愤怒”等词语，就会联想到那些急躁的人。这种人对外界怀有非常明显的敌对态度，他们的愤怒表现出其已经失去了所有的社会感。在追逐权力的过程中，他们会不择手段，甚至将对手逼上绝境。可以说，感情和情绪是性格的外在表现中最明确的一种，因此我们不妨借助人性的相关知识，来说明各种情感与情绪问题。我们认为，凡是性格急躁、愤怒、刻薄的人对待社会生活都抱有很深的敌对态度，并且不能忽略的是，这种人之所以如此狂热地追求权力，根源就在于内心的自卑。其实，每一个了解自己的人，根本没有必要表现出这么强烈的进攻性与焦躁的情绪，因为人在大发雷霆时，会暴露出其内心深处隐藏的所有自卑感，以及对优越感的强烈欲望。可见，愤怒这种手段没有任何意义，不值一提，除了用他人的不幸来抬高自己的价值。

愤怒有各种各样的催化剂，酒精是其中非常重要的催化剂之一，想要点燃愤怒，只需要一点点酒精就可以了。大家都清楚，人很容易受到酒精的影响而摆脱文明的束缚。喝醉酒的人，举止粗鲁、言语粗鄙，既无法控制自己，更无法约束别人。人在清醒的时候，可能还会竭尽全力隐藏自己对他人的敌对态度，克制自己的一些缺点，但一旦喝醉了，他们就会原形毕露。一般来说，越是不适应生活的人，越容易喝醉酒，因为他们只能在醉酒中获得安慰，忘记痛苦，还可以拿醉酒当成自己失败的借口。

与成年人相比，孩子更容易愤怒，他们甚至会为了一点点小事情而大发雷霆。因为与成年人相比，孩子具有更加强烈的自卑感，以致他们会采用更加激烈的手段来追逐权力。由于孩子所遇到的一切阻碍都是难以克服或者根本不能克服的，所以愤怒的孩子其实是在寻求一种认同。

如果谩骂、发脾气都不能让怒气得到发泄，那么愤怒就可能让愤怒的人自己受伤。顺带说一下自杀，我们发现，自杀者通常都包含了两种目的，既让自己的亲朋好友受到伤害，也让失败的自己受到惩罚。

（二）哀伤

当一个人失去某种东西，或者某种东西被抢走时，不能释怀，便会表现出哀伤的感情。哀伤和其他感情类似，是为了改善自己的处境，而对自己的不快乐和脆弱做出的一种补偿。从这一点上看，哀伤和发脾气的作用基本相同，二者仅有的差异就是引发的刺激不相同，因此导致二者的态度与表现方式也不同。和其他情感一样，哀伤也隐藏着对优越感的追求。例如，愤怒的人针对的是对手，追求的是贬低敌人、抬高自己；哀伤却针对自己，只有在悲伤中才能实现抬高自己，获得满足，这和内心的退缩差不多。尽管哀伤的人获得满足的方式与愤怒不一样，但二者都是宣泄，都是心灵活动。哀伤的人总是不停地抱怨，而这做法本身就说明，哀伤的人不管对他人还是对社会，都心存不满与敌对情绪。所以说，过度夸张的哀伤是一种对社会的抗拒，哪怕哀伤是人的一种天性。

哀伤的人之所以能得到至高无上的优越感，原因在于身边人的态度。不难想象，哀伤的人总能获得他人的照顾、同情、支持、鼓舞、帮助等，并因此改善自身处境。只要泪水能发挥作用，哀伤的人便能轻易地超越他人，成为当前秩序的审判者、批评者和指控者。这位哀伤的人随着处境的提升，他的指控越累越坦诚而直接，哀伤也越加深重。就这样，哀伤成了一个让人不能抗拒的理由，哀伤者借助这个理由强迫他人承担责任和义务。

哀伤这种情感充分展现了以守为攻、以小博大的努力过程，也充分表现了维护个人地位、逃避无力感和自卑感的意愿。

（三）感情泛滥

想要真正理解感情与情绪的意义和价值，就一定要明白感情与情绪在战胜自卑、提升人格，以及获得认同的过程中，都是强大的武器。这种用感情作为武器的情况在生活中非常常见。孩子一旦发现自己能够依靠发脾气、悲伤、流泪等控制身边的环境，吸引他人的注意，就会反复使用这个方法。孩子很容易陷入一个固定的行为模式：试图利用自己特有的表达感情的方式来解决种种生活问题。结果，他们在任何时候都会搬出这个武器来达到目的。但实际上，这是一种坏习惯，因为对情感过度依赖极可能发展到病态的程度。一个人如果小时候有这个毛病，那他长大后滥用感情的可能性会很高。当自己遭到拒绝，当自己的权益受到损害，他便习惯地使出感情这种表达方式，以游戏的态度将自己的愤怒、悲哀等宣泄出来。他像操纵木偶一样，收放自如地控制自己的情感。这种感情特征没有任何价值且让人厌恶，更重要的是它扭曲了感情的真正价值。比如，如果用痛哭这种激烈的方式来表达哀伤的情感，就如同一场喧闹的作秀，让人很不舒服。大家应该都见过这样的人，给人的印象好像他们的悲伤是装出来的一样。

感情泛滥还可能会引起某些生理反应。大家都了解，有些人在非常愤怒的时候会严重影响消化系统，甚至恶心作呕。这种生理反应很明显带着某种程度的敌对和抗拒成分。而哀伤总让人吃不好、睡不好，让人变得憔悴不堪，最后变成真正的悲痛欲绝。

必须非常重视感情泛滥，因为它很可能会伤害其他人。当哀伤的人受到他人的和蔼对待时，他们的哀痛之情可能会逐渐消除。但有一些极端渴望他人关怀的人，竟然盼望自己能一直哀伤下去，因为只有这样，他们才能从同伴对自己的关爱和同情中，感受到自我价值和优越感。

愤怒和悲伤尽管常常能引起同情，但它们都属于分离性感情，会对人们的社会感造成伤害，不但不能在人与人之间建立真正的亲密关系，反而促使人们疏远。某些情况下，哀伤确实能让人们团结起来，但这不是一种正常的团结，因为并不是所有人都愿意全部付出，最终付出更多的人的社会感一定会失去平衡。

（四）厌恶

很明显，厌恶也属于一种分离性感情，不过与其他感情相比，厌恶的分离性不那么显眼。从生理方面来说，胃壁受到某种刺激便会引发恶心呕吐的感觉。不过，心理因素也能引起这种感觉，这无疑为厌恶的分离性提供了证据。厌恶多表现出来的情绪并不是反感或者不喜欢，因厌恶而流露出的各种表情意味着对环境的蔑视以及对问题的排斥。对厌恶的滥用十分常见，人们常常借用它来逃离一些不愉快的处境。厌恶很容易就被刺激产生，对一些社交场合的厌恶很自然地让人们想到逃离。这是一种最容易被教育出来的情感，只要通过一定程度的训练，任何人都能随时掌握产生厌恶的技巧。这样的话，容易将厌恶这种本来不会造成伤害的情感，变成对抗社会的有力武器，或者说变成逃离社会的强大借口。

（五）恐慌和不安

人类生活中最值得注意的现象之一，就是恐慌和不安。这种感情的问题在于，它不仅是一种分离性感情，还会在人际关系中导致一边倒的局面，和哀伤引发的结果一样，会让某些人将责任和压力全部推给其他人。例如，当孩子因为恐慌而试图摆脱某种处境时，他通常会选择寻求他人庇护的方法。表面上看，恐慌和不安似乎是一种没有一点优点的心理功能，如同失败一样。处在恐慌和不安中，人会尽可能让自己显得弱小，这样就暴露出了这种情感的分离性特征，即对优越感的追逐。也就是说，这种人希望寻求他人的帮助来养精蓄锐，直到积累够自己摆脱当前危险的能力。

恐慌和不安与生俱来、根深蒂固，可以说，一切生物都具有感受恐慌的天性。这种情感在人类身上格外显著，因为人类脆弱到无法承受任何打击。孩子的人生经历太少，生活认知也很浅薄，所以只依靠自己的力量绝对不能稳定、顺畅地前行，必须要依靠他人的帮助。当孩子一踏进生活，迎面而来的就是各种难题，危机四伏的生存环境会对他产生各种影响，让他感觉非常不安全。在弥补这种不安全感时，孩子一直处于失败的危险中，以至于他形成一种悲观倾向，渴望外部环境提供的帮助和照顾便成为他主要的性格。这样一来，他越是谨小慎微、故步自封，越是很难战胜人生的困难。此外，如果强迫他前进，他就做好随时逃跑的准备。既然他一心想要后退，那他性格中最明显的特征，自然就是恐慌和不安了。

和模仿类似，恐慌和不安的表达方式中同样有抗拒的苗头，不过这种对抗没有赤裸裸的进攻性，也没有直接暴露出来。如果一个人恐慌和不安到了病态的程度，那他自然无法掩饰他的心理活动轨迹。人们总是不由自主地感觉这种人非常渴望帮助，渴望将他人牢牢拴在自己身边。

如果对上述现象进行更深层次的研究，我们会发现，之前在讨论焦虑这种性格特征时得出的各种结论，在这里同样能得出。能够感受到异常强烈的恐惧和不安的人，通常是这样一种人：他想获得他人的帮助，想他人随时关注自己，但实际上他的这种举动是在构建一种他人能够随时为他服务的上下级从属关系。进一步研究，我们发现这个社会有很多人一生都在渴求特殊的关怀。这种人因为生活经验不足而缺乏足够的独立生活能力，所以尤其希望得到特殊关怀。不过，尽管他对同伴的渴望非常强烈，但他的社会感却少得可怜。他表现得如此不安，目的就是得到特权。恐慌和不安不但能帮助他逃避各种生活要求，还能帮助他征服身边的所有人。渐渐地，这种分离性感情会渗入他的一切生活关系，成为他追逐控制地位的一个关键手段。

二、结合性感情

（一）快乐

快乐是一种很容易在人们之间建立关系的感情，是一种完全与疏远和孤立不同，甚至水火不容的感情。快乐的人喜欢与人一起玩耍、与人分享，他的快乐也会在与人相处、拥抱的时候不加掩饰地表现出来。用生动的语言来形容这种结合性感情应该是这样的：快乐将友善的手伸给同伴，将温情带给别人。这种情感包含了所有的结合性元素。当然，快乐的人也会有不满足感和孤独感等负面情绪，同样也需要克服它们，并且按照前面我们所说的路径去追逐优越感。在战胜困难方面，快乐算得上是最佳的方法。哪里有快乐，哪里就有笑声，换句话说，笑声是快乐的基本构成元素。笑声能纾解压力，让人放松。笑声还能强烈地影响他人，轻易地引起其他人的共鸣。

不过，有的人会为了达成自己的目的而滥用笑声和快乐。如一个害怕自己得不到关注的病人，会在听到大地震的消息时，表现得很高兴，不像其他人一样哀伤，因为他觉得哀伤会让自己变得很脆弱，所以他试图表现出与哀伤相反的情绪——快乐，来逃避哀伤。还有一个对快乐的滥用，就是为他人的不幸而高兴。凡是在错误的时间、错误的地点表露出来的快乐，便是否认、破坏社会感的分离性感情，是一种使他人臣服的手段。

（二）同情

同情是最能展现社会感的一种感情表达方式，基本上，所有充满同情心的人，都能与人和睦相处，具有成熟的社会感。

比同情心更加常见的，可能就是习惯于滥用同情。滥用同情的人表面上看好像具有强烈的社会感，但实际上这种做法只不过是一种虚伪、浮夸的表现而已。例如，有的人只是为了登报出名，或者仅仅是为了窥探他人的不幸，才拼命挤进灾难现场的，实际上他们并没有为灾民提供过任何帮助。这种为了同情而同情以及别有用心的同情者，不过是为了趁机来显示自己比那些悲惨、穷困的人更加优越，因此我们必须把他们的人格和行为联系起来观察。对人性极为了解的拉罗什福科曾说："朋友的悲惨遭遇总能让我们感到满足"，这句话用在这里正合适。

曾有人混淆了这种现象与我们观看悲剧表演的行为，错误地以为二者的相似之处在于观众觉得自己比舞台上的人物更加高尚。但这种说法对于大多数人来说，并不都是恰当的，因为我们对悲剧感兴趣的原因是，我们想要了解自己，教育自己。我们都很清楚，那不过是戏剧表演而已，我们只是想从中汲取营养成分来让自己的人生更加丰富。

（三）谦逊

谦虚是一种兼具结合性和分离性的感情，这种感情是人们社会感中的一部分，跟人们的心灵活动关系密切。如果缺失了这种感情，人类社会不可能存续下去。谦虚这种感情诞生在个人存在价值降低的时候，当他对自身的价值失去兴趣的时候，谦虚就产生了。这种感情能引发强烈的生理反应，如毛细血管扩张等，皮肤表面的毛细血管扩张，通常会使人的脸变红，不过也有一些人会全身都变红。

从外部表现来看，谦虚实际上就是退缩，这种孤立的姿态伴有轻微的沮丧，相当于准备脱离险境。所以，如果一个人目光低垂，面露羞愧，我们就可以认为这是一个预兆，表明他很快就要退缩或逃跑了。可见，谦虚毫无疑问同样属于分离性感情。

与其他情感类似，谦虚也有被滥用的可能。有些人动不动就脸红，这一分离性特征会危害到他们与朋友的所有关系，而滥用谦虚一定会导致其分离性更加突出。